中等职业教育课程改革新教材
机电类专业教学用书

焊工技能训练与考级

主　编　宁文军
副主编　邸桂林　李福元
参　编　刘会芳　付天丰　尹忠媛

机械工业出版社

本书是实用性很强的实习与实践教材，共包括七个单元，三十七个课题，系统地讲述了气焊与气割、焊条电弧焊、氩弧焊、CO_2气体保护焊的操作方法，并按国家技能鉴定考核的项目和要求，采用通俗的语言，详细地说明了每个项目的焊件尺寸、焊接参数、操作要点及焊接质量评定等要求和具体做法。同时，本书还简明扼要介绍了焊工须知的基础理论知识。

本书可作为电焊工职业技能考核鉴定（初、中、高级）的技能训练教材和自学用书，还可供技工学校、职业学校作为生产实习指导教材。

图书在版编目（CIP）数据

焊工技能训练与考级/宁文军主编. —北京：机械工业出版社，2009.9
（2024.8 重印）
中等职业教育课程改革新教材. 机电类专业教学用书
ISBN 978-7-111-28298-3

Ⅰ. 焊… Ⅱ. 宁… Ⅲ. 焊接—专业学校—教材 Ⅳ. TG4

中国版本图书馆 CIP 数据核字（2009）第 163990 号

机械工业出版社（北京市百万庄大街 22 号 邮政编码 100037）
策划编辑：汪光灿 责任编辑：齐志刚
版式设计：张世琴 责任校对：张晓蓉
封面设计：王伟光 责任印制：邵 敏
北京富资园科技发展有限公司印刷
2024 年 8 月第 1 版·第 10 次印刷
184mm×260mm·11 印张·255 千字
标准书号：ISBN 978-7-111-28298-3
定价：35.00 元

电话服务 网络服务
客服电话：010-88361066 机 工 官 网：www.cmpbook.com
　　　　　010-88379833 机 工 官 博：weibo.com/cmp1952
　　　　　010-68326294 金 书 网：www.golden-book.com
封底无防伪标均为盗版 机工教育服务网：www.cmpedu.com

中等职业教育课程改革新教材编委会

主　任：张志增

副主任：张新启　张艳旭　王军现　王永进　冀　文
　　　　赵易生　冯国强　凌志杰　刘玲娣　霍同路
　　　　苏汉明　汪光灿

委　员：刘金海　高建斌　程瑞卿　贾英布　樊永泉
　　　　李惠臣　宁文军　王增杰　闫新华　孙继山
　　　　刘桂霞　刘秀艳　张树科　郝超栋　肖群彦
　　　　寇德淼　柳海强　肖秀云　程保久　于立达
　　　　于长虹　贺天柱　石　磊　邱桂林

前　　言

为满足技工学校、中等职业学校进行焊工生产实习教学的要求，进一步强调电焊工职业技能培训和鉴定的科学化、规范化，更好地贯彻实施《中华人民共和国职业技能鉴定规范（考核大纲）电焊工》，把技能培训和鉴定有机地结合起来，我们编写了此书。

本书从多年的教学实际出发，突出了实际操作培训。主要内容包括气焊与气割、焊条电弧焊、手工氩弧焊、CO_2 气体保护焊的知识以及初、中、高级技能鉴定的考核项目。在课题的设计中，遵循由浅入深，由易到难的原则，更加符合学生的认知规律。每个课题的开头都提出了教学目标和要求，使学生能够有明确的学习目的，激发学生自主学习的积极性。

本书在编写中，充分考虑了中等职业学校的实习特点，按照"理论适度、够用"的原则，侧重培养学生的基本技能，强化考工训练。同时，按国家技能鉴定考核的项目和要求，用通俗的语言，详细地说明了每个课题的焊件尺寸、焊接参数、操作要点及焊接质量评定等要求和具体做法，便于教师备课和讲课，更有利于学生自学。

本书采用最新的国家标准，力求在文字上准确无误、简明扼要，并配备大量的插图，提高了教材的可读性和亲和力。

本书按照中等职业学校焊工训练教学大纲编写，可作为技工学校、职业学校生产实习指导教材，还可供电焊工职业技能考核鉴定（初、中、高级）的技能训练教材和自学用书。

本书由宁文军任主编，邸桂林、李福元任副主编，全书共分七个单元，单元一、二由刘会芳编写，单元三由宁文军编写，单元四由邸桂林编写，单元五由李福元编写，单元六由尹忠媛编写，单元七由付天丰编写。

由于时间仓促和编者水平有限，书中错误和缺点在所难免，恳请广大读者批评与指正。

编　者

目 录

前言

单元一 气焊与气割 ……………………… 1
课题一 气焊、气割设备及工具 ……… 1
课题二 气焊的基本操作 ……………… 6
课题三 气割的基本操作 ……………… 9
课题四 薄钢板、厚钢板与
坡口的气割 …………………… 11
复习题 …………………………………… 13

单元二 焊条电弧焊的基本知识 ……… 14
课题一 焊条电弧焊的理论知识 ……… 14
课题二 焊条电弧焊的基本操作 ……… 23
复习题 …………………………………… 27

单元三 焊条电弧焊初级工培训内容 … 28
课题一 不开坡口平对接焊 …………… 28
课题二 平角焊 ………………………… 31
课题三 不开坡口立对接焊 …………… 34
课题四 开坡口平对接焊 ……………… 38
课题五 管子水平转动焊 ……………… 41
课题六 开坡口立对接焊 ……………… 44
课题七 管板垂直俯位焊 ……………… 47
课题八 立角焊 ………………………… 51
复习题 …………………………………… 53

单元四 焊条电弧焊中级工培训内容 … 54
课题一 不开坡口横对接焊 …………… 54
课题二 开坡口横对接焊 ……………… 56
课题三 管子垂直固定焊 ……………… 59
课题四 管子水平固定焊 ……………… 63
课题五 管板水平固定焊 ……………… 67
复习题 …………………………………… 71

单元五 焊条电弧焊高级工培训内容 … 72
课题一 T形接头仰角焊 ……………… 72

课题二 插入式管板垂直仰位焊 ……… 76
课题三 骑座式管板垂直仰位焊 ……… 77
课题四 开坡口仰对接焊 ……………… 80
课题五 异种钢板开坡口平对接焊 …… 83
复习题 …………………………………… 86

单元六 手工钨极氩弧焊 ………………… 88
课题一 手工钨极氩弧焊的理论
知识 …………………………… 88
课题二 手工钨极氩弧焊的基本
操作 …………………………… 100
课题三 不锈钢薄板平角焊 …………… 102
课题四 不锈钢薄板对接焊 …………… 104
课题五 小直径管对接焊 ……………… 107
课题六 管板焊接 ……………………… 114
课题七 纯铝板的平对接焊 …………… 119
课题八 纯铜板的平对接焊 …………… 122
复习题 …………………………………… 124

单元七 CO_2 气体保护焊 ……………… 126
课题一 CO_2 气体保护焊的理论
知识 …………………………… 126
课题二 CO_2 气体保护焊的基本
操作 …………………………… 138
课题三 板对接焊 ……………………… 141
课题四 管板焊接 ……………………… 147
课题五 管子对接 ……………………… 150
复习题 …………………………………… 154

附录 ………………………………………… 155
附录A 电焊工技能鉴定考核试题 …… 155
附录B 试件质量评分表 ……………… 161
附录C 国家职业技能鉴定
统一试卷 ……………………… 164

参考文献 ………………………………… 169

单元一 气焊与气割

课题一 气焊、气割设备及工具

【学习任务】
1. 了解气焊、气割常用设备及其作用。
2. 掌握常用设备的使用方法及安全注意事项。
3. 掌握其他辅助工具的使用要求。

【基本知识】

一、设备及工具

1. 主要设备和工具

主要设备和工具包括氧气瓶、乙炔气瓶、减压器、回火保险器、焊炬、割炬。

2. 辅助工具

辅助工具包括防护眼镜、通针、氧气胶管、乙炔胶管、点火枪、锤子、锉刀、扳手、钢丝钳、防护用品。

二、设备及工具的使用

1. 常用设备及其使用

（1）氧气瓶 氧气瓶是储存和运输氧气的高压容器，最高工作压力为15MPa，容积40L。当瓶内压力为15MPa时，瓶内氧气储存量为6000L，即 $6m^3$。瓶体外表面为天蓝色，并用黑漆标注"氧气"字样。氧气瓶的构造如图1-1所示。

瓶阀是控制瓶内氧气进出的阀门。目前主要采用活瓣式瓶阀，这种瓶阀使用方便，用手轮（也可用扳手）直接开启或关闭，逆时针方向开启，顺时针方向关闭。瓶阀出气口处为定制、右旋螺纹。活瓣式氧气瓶阀的构造如图1-2所示。

（2）乙炔瓶 乙炔瓶是储存和运输乙炔的容器，最高工作压力为1.5MPa，容积40L，一般瓶内能溶解6~7kg乙炔。瓶体外表涂白色，并用红漆标注"乙炔"、"不可近火"字样。乙炔气瓶的构造如图1-3所示。

乙炔瓶的瓶口装有瓶阀，用手轮（也可用扳手）直接开启或关闭，逆时针方向开启，顺时针方向关闭。但阀体旁侧没有侧接

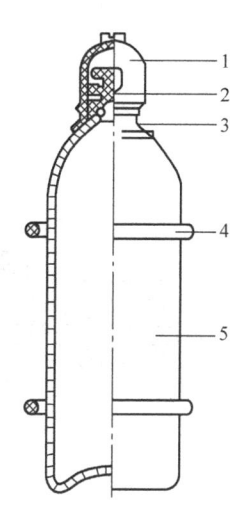

图1-1 氧气瓶的构造
1—瓶帽 2—瓶阀 3—瓶箍
4—胶圈 5—瓶体

头，因此必须使用带有夹环的乙炔减压器。乙炔瓶阀的构造如图1-4所示。

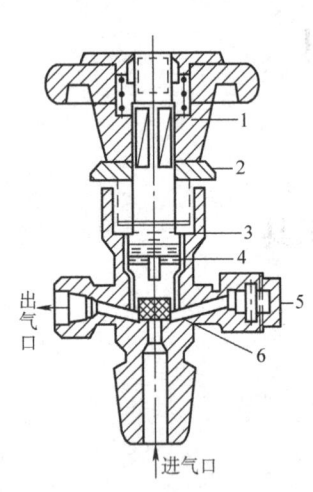

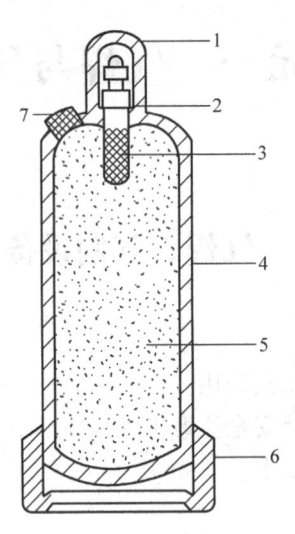

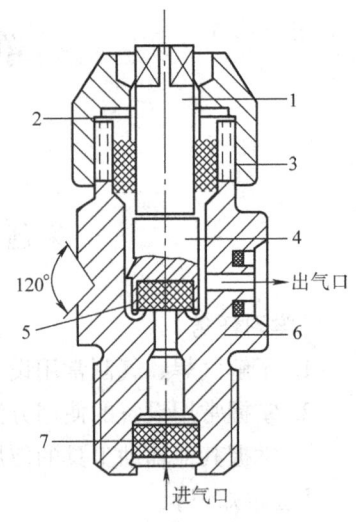

图1-2 活瓣式氧气瓶阀的构造
1—手轮 2—压紧螺母
3—阀杆 4—开关片
5—安全阀 6—阀座

图1-3 乙炔气瓶的构造
1—瓶帽 2—瓶阀 3—分解网
4—瓶体 5—微孔填料
6—底座 7—易熔塞

图1-4 乙炔瓶阀的构造
1—阀杆 2—压紧螺母 3—密封圈
4—活门 5—尼龙垫
6—阀体 7—过滤件

（3）氧气减压器 常用的氧气减压器是QD—1型，如图1-5所示。它属于单级反作用式，其进气口最高压力为15MPa，工作压力调节范围为0.1～2.5MPa。QD—1型氧气减压器

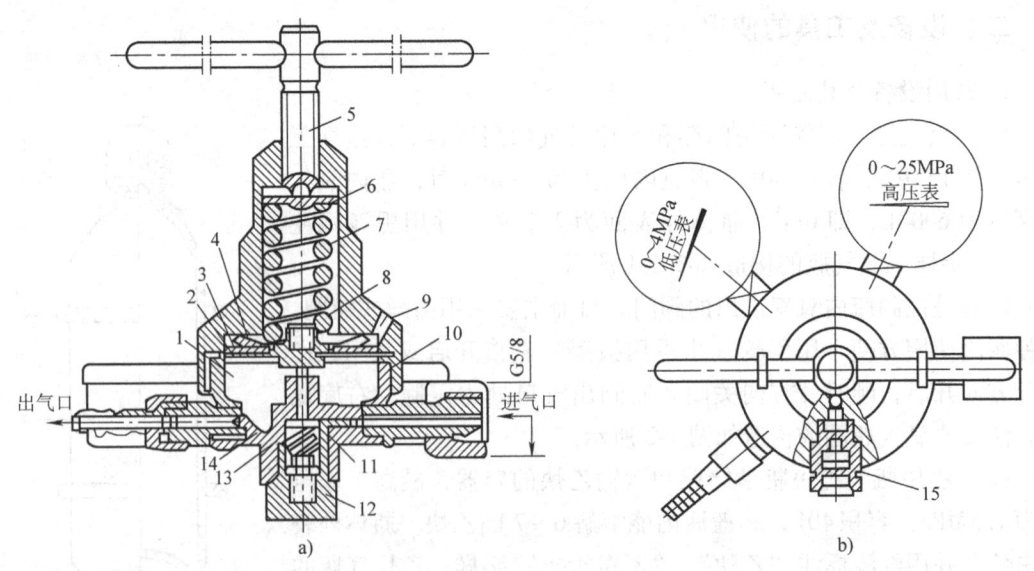

图1-5 QD—1型氧气减压器
1—低压气室 2—耐压橡胶平垫片 3—弹性薄膜装置 4—弹簧垫块 5—调压螺钉 6—罩壳 7—调压弹簧
8—螺钉 9—活门顶杆 10—本体 11—高压气室 12—副弹簧 13—减压活门 14—活门座 15—安全阀

主要由本体、罩壳、调压螺钉、调压弹簧、弹性薄膜装置、减压活门与活门座、安全阀、进气口接头、出气口接头、高压氧气表、低压氧气表等部分组成。

减压器本体上装有高压氧气表和低压氧气表，分别指示高压气室（即氧气瓶内）和低压气室（即工作压力）内的压力。高压氧气表的量程为 0~25MPa，低压氧气表的量程为 0~4MPa。使用 QD—1 型减压器时，当顺时针旋拧调压螺钉时，可顶开减压活门，高压氧气便从缝隙中流入低压气室。

（4）乙炔减压器 常用的乙炔减压器是 QD—20 型，如图 1-6 所示。它属于单级乙炔减压器，其进口最高压力为 2MPa，工作压力的调节范围为 0.01~0.15MPa。QD—20 型单级乙炔减压器的构造和工作原理与单级氧气减压器（QD—1 型）基本相同，不同的是乙炔减压器与乙炔瓶阀连接采用夹环和紧固螺钉加以固定。

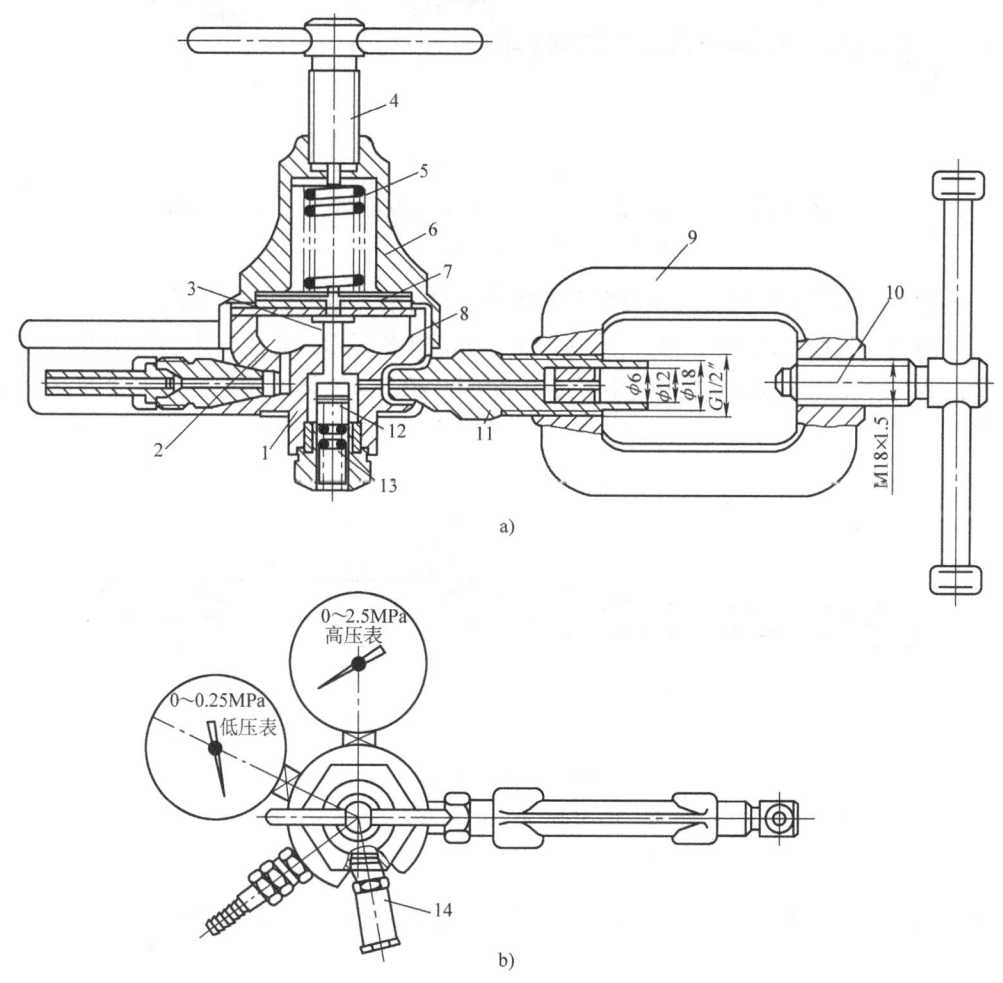

图 1-6　QD—20 型乙炔减压器

1—减压活门　2—低压气室　3—活门顶杆　4—调压螺钉　5—调压弹簧　6—罩壳　7—调压薄膜装置
8—本体　9—夹环　10—紧固螺钉　11—过滤接头　12—高压气室　13—副弹簧减压活门　14—安全阀

QD—20型减压器的工作压力为0.15MPa，减压器本体装有高压乙炔表，量程为0~2.5MPa；低压乙炔表量程为0~0.25MPa。在乙炔减压器的压力表上均有指示该压力表最大许可工作压力的红线，以便在使用中严格控制。

（5）回火保险器　当焊、割炬发生回火时，回火保险器可以防止火焰回烧进入乙炔瓶，从而保证乙炔瓶的安全，它一般安置在减压器的出气口。目前，国内使用的回火保险器有水封式和干式两种。

（6）焊炬　目前使用较广泛的是H01—6型射吸式焊炬，如图1-7所示。它主要由乙炔管接头、氧气管接头、手柄、乙炔调节阀、氧气调节阀、射吸管、混合气管和焊嘴等部分组成。

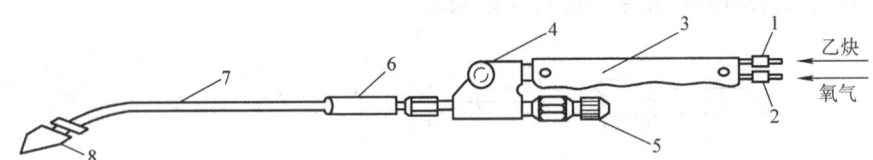

图1-7　射吸式焊炬
1—乙炔管接头　2—氧气管接头　3—手柄　4—乙炔调节阀　5—氧气调节阀
6—射吸管　7—混合气管　8—焊嘴

焊炬的乙炔调节阀和氧气调节阀均为逆时针方向开启，顺时针方向关闭。

（7）割炬　目前广泛使用的是射吸式割炬，如图1-8所示。它主要由切割氧管、切割氧调节阀、手柄、氧气管接头、乙炔管接头、乙炔调节阀、氧气调节阀、混合气管和割嘴等部分组成。

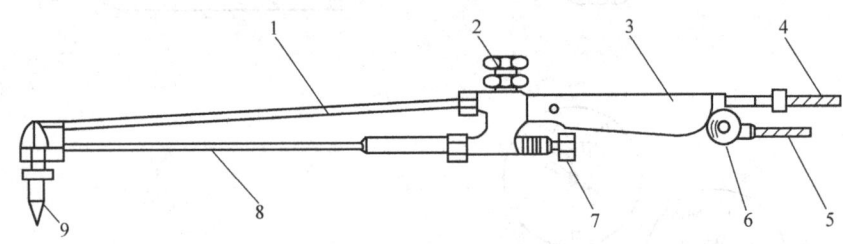

图1-8　射吸式割炬
1—切割氧管　2—切割氧调节阀　3—手柄　4—氧气管接头　5—乙炔管接头　6—乙炔调节阀
7—氧气调节阀　8—混合气管　9—割嘴

割炬的乙炔调节阀、氧气调节阀和切割氧调节阀均为逆时针方向开启，顺时针方向关闭。

2. 辅助工具及其使用

（1）防护眼镜　防护眼镜既可以保护焊工的眼睛不受火焰亮光的刺激，使焊工在焊接过程中能够仔细地观察熔池金属，又可防止金属飞溅物伤害眼睛。焊接时应根据被焊金属材料的性质和操作者的视力，选用颜色深浅合适的防护眼镜。

（2）通针　在焊接过程中，火焰孔道常发生堵塞现象，这时需要用通针来疏通。在使用通针清理通道时，通针和通道必须保持在同一轴线上，不应有扭曲现象，否则会导致孔径磨损不均匀和产生划痕，并使火焰发生偏斜。

（3）胶管　按照国标 GB 2550—2007 规定，氧气胶管为蓝色，乙炔胶管为红色。两种管子耐压不同，因此，不能用红管代替蓝管。

（4）点火枪或火柴　使用手枪式点火枪比较安全方便。如果使用火柴点火，必须把划着的火柴从焊嘴或割嘴的侧后面送到焊嘴或割嘴上，以免烧伤手指。

（5）钢丝刷、锤子、锉刀　三者都是清理焊缝的工具。

（6）扳手、钢丝钳　二者都是连接和启闭气体通路的工具。

（7）防护用品　工作时按规定使用工作服、手套、胶鞋、口罩和护脚等保护用品。气焊或气割时，要穿好工作服，戴上手套，以免高热灼伤。焊接黄铜、铅时会产生有害气体，因此要戴口罩。

3. 设备的安装与检测

1）氧气减压器安装前要先打开氧气阀，吹除出气口处的污物，以免灰尘和水分进入减压器内，减压器的紧固螺母与瓶阀至少拧紧5扣以上，保证牢固不漏气。

2）安装乙炔减压器时，必须保证夹具平正，以防倾斜漏气。回火保险器安装在乙炔减压器上。

3）氧气胶管与减压器和焊、割炬管接头的连接处必须用退过火的铁丝或卡箍拧紧，防止二者在送气后脱开发生危险。

4）乙炔减压器和焊、割炬管接头的连接以不漏气、方便插拔为准。

5）氧气管接头与乙炔管接头的区别在于：乙炔管接头的螺母上刻有1~2条槽，且乙炔管接头的螺母为左旋。

6）检查焊、割炬的射吸情况。具体方法：先将氧气胶管紧接在氧气管接头上，使焊、割炬接通氧气。然后先开启乙炔调节阀，再开启氧气调节阀，用手指按在乙炔管接头上，如果手指感到有一股吸力，则表明射吸能力正常；如果没有吸力，甚至氧气从乙炔接头中倒流出来，则说明没有射吸能力，必须进行修理，否则严禁使用。

7）在确保射吸能力正常之后，接好乙炔接头，并检查其他各气体通道、各气体调节阀处和焊、割嘴是否漏气。

三、注意事项

1）气瓶要直立使用，并采取一定的防倾倒措施。

2）气瓶放置地点要距热源10m以上。

3）在搬运过程中，严禁抛、滑、滚和冲击气瓶。

4）氧气瓶阀严禁粘有油脂，不得用粘有油脂的工具、手套或油污工作服接触氧气瓶阀和减压器。

课题二 气焊的基本操作

【实训任务】

1. 掌握焊炬的正确握法，起焊的基本姿势。
2. 熟练掌握焊炬点火，火焰的调整和熄灭方法。
3. 掌握焊道起头，焊炬和焊丝的移动，焊道接头和收尾的动作要领。
4. 掌握焊炬回火的处理方法。

【技能训练】

一、设备及材料

1. 设备

气焊设备包括乙炔气瓶、氧气瓶、乙炔减压器、QD—1型氧气减压器、H01—6型焊炬、回火保险器和胶管。

2. 辅助工具

辅助工具包括防护眼镜、通针、氧气胶管、乙炔胶管、点火枪、锤子、锉刀、扳手、钢丝钳和防护用品。

3. 焊件

焊件为低碳钢板，规格是150mm×100mm×2mm。

4. 焊接材料

焊接材料用焊丝，牌号为H08，直径为1.6~2mm。

二、实训步骤及操作要点

1. 操作前的准备

1) 安装好气焊设备，检查设备的安全状况。

2) 用钢丝刷或砂纸清理焊件表面，去除焊件表面氧化皮、铁锈、油污和尘垢，使焊件露出金属光泽。

2. 焊炬的握法

右手持焊炬，将大拇指置于乙炔调节阀处；食指置于氧气调节阀处，以便随时调节气体流量；用手掌和其他三指握住焊炬手柄。

3. 火焰的点燃

从安全角度考虑，焊炬点燃时应先逆时针方向开启乙炔调节阀，用点火枪点火，再逆时针方向打开氧气调节阀调节火焰。由于乙炔不纯，开始点火时可能会出现连续的"放炮"声，这时应熄灭火焰，放出不纯的乙炔，然后重新点火。

点火时，拿火源的手不要正对焊嘴，也不要将焊嘴指向他人，以防烧伤。

4. 火焰的种类及调节

氧乙炔焰按其不同的比率可分为中性焰、碳化焰和氧化焰三种，其形状如图1-9所示。

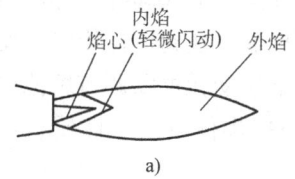 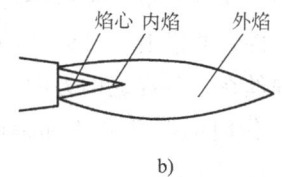 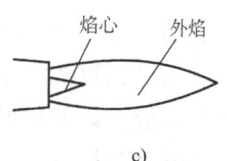

图1-9 氧乙炔焰的构造和形状
a）中性焰 b）碳化焰 c）氧化焰

开始点燃的火焰一般为碳化焰，如要调成中性焰，应逐渐增加氧气的供给量，直至火焰的内焰与外焰没有明显界限时，即为中性焰。如果继续增加氧气或减少乙炔，就得到氧化焰；反之，增加乙炔或减少氧气，即可得到碳化焰。

通过调节氧气和乙炔流量的大小，可以得到不同的火焰能率。调节的方法是：如果要减小火焰能率，应先减少氧气，后减少乙炔；如果要增大火焰能率，应先增加乙炔，后增加氧气。火焰的能率应根据焊件的厚度、熔点和导热性来选择。厚度大的焊件选择大的火焰能率。在保证质量的前提下，尽量选择大的火焰能率，以提高生产率。

5. 火焰的熄灭

焊接工作结束或中途停止时，必须熄灭火焰。正确的灭火方法是：首先沿着顺时针方向旋转乙炔调节阀关闭乙炔，再沿着顺时针方向旋转氧气调节阀关闭氧气，从而避免出现黑烟。

注意：关闭阀门时保证不漏气即可，不要关得太紧，以防止磨损过快，降低焊炬的使用寿命。

6. 回火的处理

当焊炬出现回火时，应迅速关闭氧气和乙炔调节阀，然后将焊炬射吸管前端部分置于水中冷却，点火前先打开氧气调节阀吹出管内烟灰，再点火。

7. 平敷焊的基本操作

（1）焊道起头　焊道起头采用中性焰、左向焊法，将焊炬自右向左移动，使火焰指向待焊部分，填充焊丝的端头位于火焰的前下方，距焰心3mm左右，如图1-10所示。

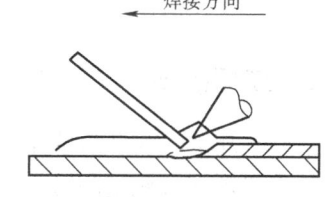

图1-10　左向焊法时焊炬与焊丝的位置

焊道起头时，焊件温度低，焊炬倾角应大些，这样有利于对焊件进行预热，同时在起焊处往复移动火焰，以保证焊接处加热均匀。在熔池未形成前，不但要密切注意观察熔池的形成，而且要将焊丝端部置于火焰中进行预热，待焊件由红色变成白亮色并出现清晰的熔池时，便可熔化焊丝，将焊丝熔滴滴入熔池，然后立即抬起焊丝，向前移动火焰，形成新的熔池。

（2）焊炬和焊丝的运动　焊炬和焊丝均匀协调的动作，可使焊缝边缘良好熔透，并控制液体金属的流动，使焊缝成形良好，也不至于产生过热现象。

焊炬与焊丝的摆动包括三个动作，如图1-11所示。

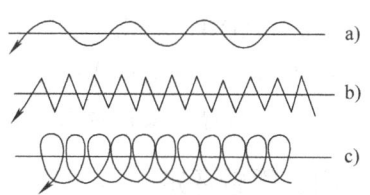

图1-11　焊炬与焊丝的摆动方法
a）薄件　b）较厚件　c）厚件

焊炬沿焊件接缝的纵向移动，作用是不间断地熔化焊件和焊丝，形成焊缝。焊炬沿焊缝做横向摆动，可以充分地加热焊件，并借混合气体的冲击力，把液体金属搅拌均匀，使熔渣浮起，从而得到致密的焊缝。焊丝在垂直焊缝的方向送进并上下移动，可以调节熔池热量和焊丝的填充量。焊炬和焊丝在操作时的摆动方法和幅度，要根据焊件材料的性质、焊缝位置、接头形式及板厚等具体情况进行选择。

（3）焊道接头　在焊接过程中，当中途停顿（更换焊丝或换气）后继续焊接时，首先用火焰把原熔池重新加热至熔化后再加焊丝，然后开始焊接，续焊应与前焊道重叠 5～10mm，重叠焊道要少加或不加焊丝，保证焊缝合适的高度及圆滑过渡。

（4）焊道的收尾　当达到焊件的终点时，由于端部散热条件差，应减少焊炬与焊件的夹角，同时要加快焊接速度和多加一些焊丝，以防止熔池扩大，导致烧穿。

收尾时为了防止空气中的氧气和氮气侵入熔池，可用温度较低的外焰保护熔池，直至终点熔池填满，火焰才能缓慢地离开熔池。

在焊接过程中，焊炬倾角是不断变化的。在预热阶段，为了较快地加热焊件迅速形成熔池，焊炬倾角为 50°～70°；焊接阶段，焊炬倾角为 30°～50°；收尾阶段，为防止熔池温度过高而产生烧穿，应适当减小焊炬倾角，焊炬倾角为 20°～30°，如图 1-12 所示。

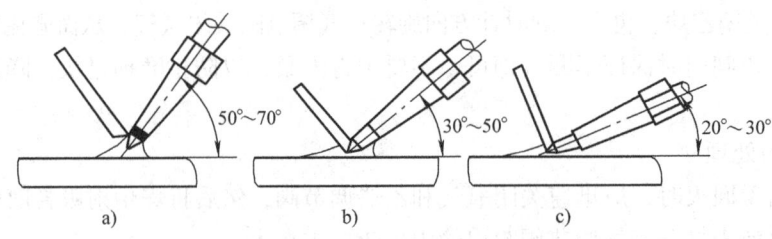

图 1-12　焊接过程中焊嘴倾角的变化
a）预热阶段　b）焊接阶段　c）收尾阶段

三、注意事项

1）氧气瓶放气或开启减压器时动作必须缓慢，人要站在出气口的侧面。

2）开启乙炔气瓶瓶阀时动作要缓慢，并且不要超过一周半，一般只开启 3/4 周。

3）乙炔气瓶不能卧放使用，如要使用已卧放的乙炔气瓶，必须先直立，静置 20min 后再连接乙炔减压器进行使用。

4）气瓶内气体不能用尽，氧气气瓶应留有不少于 0.1MPa 表压的余气，乙炔气瓶应留有不少于 0.05MPa 表压的余气。

5）停用或工作完毕要关好气瓶阀，松开减压器，使表针回零，收拾好工具。

6）工作完毕，要检查工作现场是否存在火源，确认无事故隐患后方可离开现场。

四、质量评定

1）点火的姿势正确，在规定时间内成功的次数多，动作熟练。

2）关闭焊炬开关的松紧程度要合适。

3）调节火焰能率的方法正确。

4）焊道起头不过高，与母材熔合良好。

5）焊炬与焊丝动作协调，焊缝成形良好。

6）接头处余高无过高或过低现象，过渡圆滑。

7）收尾处无焊穿、余高过低和气孔等缺陷。

课题三　气割的基本操作

【实训任务】

1. 掌握割炬的正确握法，起割的基本姿势。
2. 掌握割炬的点火及火焰的调整方法。
3. 熟练掌握起割、割炬的移动和停割的动作要点。
4. 掌握割炬回火的处理方法。

【技能训练】

一、设备及材料

1. 设备

气割设备包括乙炔气瓶、氧气瓶、乙炔减压器、QD—1 型氧气减压器、G01—30 型割炬、回火保险器、胶管、2 号环形割嘴。

2. 辅助工具

辅助工具包括防护眼镜、通针、氧气胶管、乙炔胶管、点火枪、锤子、锉刀、扳手、钢丝钳和防护用品。

3. 割件

割件为低碳钢板，规格为 450mm×300mm×10mm。

二、实训步骤及操作要点

1. 操作前的准备

1）安装好气割设备，检查设备的安全状况。

2）用钢丝刷清理割件表面，去除割件表面氧化皮、铁锈和尘垢，便于火焰直接对钢板预热。割件下面用耐火砖垫空，以便排放熔渣。

2. 割炬握法

用右手手掌及中指、无名指和小拇指握住割炬手柄，大拇指和食指捏住氧气调节阀，便于调整预热火焰和发生回火时及时切断预热气源。左手小拇指放在混合气管下，无名指放在混合气管与高压氧气胶管中间，中指放在高压氧气胶管上食指下，食指和大拇指握住高压氧气阀门。

注意：控制各个阀门的手指不要握得过死，应能灵活地开启和关闭。

3. 火焰的点燃

从安全角度考虑，点火时应先打开乙炔瓶，然后用点火枪点火（用火柴点火时火柴要从割炬的后面送到割嘴处），点火时手要避开火焰，以免烧伤。点燃后冒黑烟，再打开预热氧阀门，将火焰调整为轻微的氧化焰（禁止使用碳化焰）。火焰调整好后，打开割炬上的切割氧开关，并增大氧气流量。观察切割氧流的形状（即风线形状），风线应为笔直而清晰的圆柱体，并有适当的长度，从而保证割件的切口表面光滑干净，宽窄一致。若风线形状不规则，应关闭所有阀门，用通针或其他工具修整切割氧喷嘴或割嘴内嘴。预热火焰和风线调整好后，关闭切割氧开关，并准备起割。

4. 起割

要注意起割姿势，其姿势为：双腿下蹲并拢，双臂抱膝，将氧气、乙炔胶管放在双腿中间。上身不要弯得太低，呼吸要有节奏，眼睛注视割嘴和割线。起割点应在割件的边缘，通常火焰的焰心离开工件 3～5mm，这样加热条件最好。待边缘预热到呈现亮红色时，将火焰略微移至边缘以外，同时慢慢打开切割氧开关，当看到预热的红点在氧流中被吹掉时，再进一步加大切割氧气流量。随着氧流量的加大，从割件的背面飞出鲜红的氧化铁渣，证明割件已被割透，即可根据割件的厚度以适当的速度开始自右向左移动割炬。

切割时要保证割嘴与割件的倾角正确，割嘴倾角大小可根据割件的厚度来选择，如图 1-13 所示。一般气割 4mm 以下的钢板时，割嘴后倾 25°～45°；气割 4～20mm 厚的钢板时，割嘴后倾 20°～30°；气割 20～30mm 厚的钢板时，

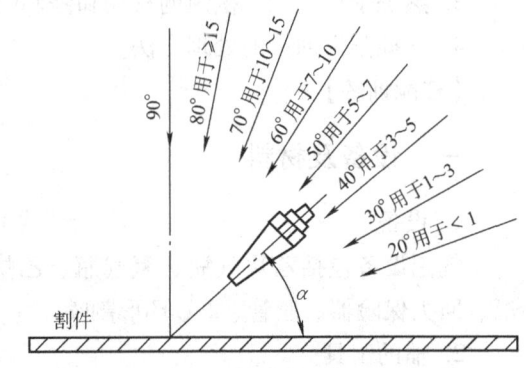

图 1-13　割嘴倾角与割件厚度的关系

割嘴应垂直于割件；气割 30mm 以上的厚钢板，起割时应将割嘴前倾 20°～30°，待割穿后再将割嘴垂直于割件，进行正常切割。

如果割件在起割处的一侧有余量，则可以从有余量的地方起割，然后按一定的速度移至割线上。如果割线两侧没有余量，则起割时要特别小心。在慢慢加大切割氧的同时，要随即把割嘴往前移动，若停止不动，返回的气流会扰乱氧流，在该处周围出现较深的沟槽。

5. 割炬的移动

起割后，即进入正常的气割阶段。为了保证切口质量，在整个气割过程中，割炬移动的速度要均匀，割嘴到割件表面的距离应保持一定（通常火焰焰心到割件表面的距离约 3～5mm）。如果因行走速度过快而出现未割透现象，应关闭切割氧调节阀，从未割透处重新预热，切割。当气割者要移动位置时，首先关闭切割氧阀门，待身体的位置移好后，再将割嘴对准切口的接头处适当加热，然后，慢慢打开切割氧阀门，继续向前气割。在气割薄钢板时，气割者要移动身体，在关闭切割氧的同时，使火焰迅速离开钢板表面，以防因板薄受热快，引起变形或熔化。

在气割过程中，由于割嘴过热，飞溅物将割嘴堵塞或乙炔供应不足时，会出现鸣爆和回火现象。此时必须立即关闭高压氧气阀门，然后关闭乙炔和预热氧气阀门。回火后要将割炬射吸管前端放在水中冷却，然后打开预热氧吹净管内的烟灰，方可重新点火使用。

6. 停割

气割过程临近终点时，割嘴应沿气割的相反方向倾斜一定角度，以保证钢板的下部提前割透，使切口在收尾处较整齐。停割后要仔细清除割口周边的挂渣。

三、注意事项

除课题二的要求外，还应注意以下两点：
1）在气割过程中，应防止在高压氧的作用下产生飞溅，注意防火。
2）在水泥地面上切割时应垫高工件，以防氧化皮和熔渣在水泥地面上爆溅伤人。

四、质量评定

1）气割姿势要正确，基本动作要熟练。
2）切口位置要准确，无未割透现象。
3）切割面割纹要均匀，后拖量不大，无明显挂渣、塌角现象。

课题四　薄钢板、厚钢板与坡口的气割

【实训任务】
1. 了解薄钢板与厚钢板的气割特点。
2. 掌握薄钢板气割工艺特点及操作要点。
3. 掌握厚钢板气割工艺特点及操作要点。
4. 掌握坡口气割的操作要点。

【技能训练】

一、设备及材料

1. 设备

气割设备包括乙炔瓶、氧气瓶、乙炔减压器、QD—1型氧气减压器、G01—30型割炬、回火保险器、胶管、1号环形割嘴、3号环形割嘴。

2. 辅助工具

辅助工具包括防护眼镜、通针、氧气胶管、乙炔胶管、点火枪、锤子、锉刀、扳手、钢丝钳、防护用品、角钢。

3. 割件

割件为低碳钢板，薄钢板与厚钢板厚度分别为4mm和25mm。

二、实训步骤及操作要点

1. 操作前的准备

1）安装好气割设备，检查设备的安全状况。

2）用钢丝刷清理割件表面，去除割件氧化皮、铁锈、油污和尘垢，便于火焰直接对钢板预热。割件下面用耐火砖垫空，以便排放熔渣。

2. 薄钢板与厚钢板气割的工艺特点

（1）薄钢板气割的工艺特点　气割厚度小于 4mm 的钢板时，容易产生过热和熔化，使氧化物与切口熔合，粘在一起不易吹掉，割口不齐，并容易产生变形。

（2）厚钢板气割的工艺特点　气割厚度大于 25mm 的钢板时，尤其是厚度大于 300mm 的钢板或钢件，由于预热火焰难以对割件下部或内部的金属加热，导致割件受热不均匀，使焊件下层或内部金属的燃烧比上层或外部金属的燃烧慢。结果不但使切口产生很大的后拖量，而且容易使熔渣堵塞未切割部分，造成气割困难。

3. 薄钢板的气割

（1）薄钢板气割的工艺要点

1）选择相应的割炬，并用较小的预热火焰能率和小号割嘴。

2）割嘴与割件的倾角为后倾 25°～45°。

3）割嘴离割件的距离应为 10mm 左右。

4）采用尽可能快的割炬移动速度。

5）可以用燃烧温度低的液化石油气。

6）可采用多层气割法，当气割 1.5～2mm 厚的钢板时，先把钢板表面的铁锈、污垢清除干净，再将钢板叠成 25～30 层，用弓形夹夹紧，使各层钢板之间紧密贴合，然后一次割开。多层叠板气割也可选用液化石油气，切割速度要比使用乙炔气快 20%～30%。

（2）薄钢板的直线气割　厚度为 4mm 的低碳钢板，割炬为 G01—30 型，1 号环形割嘴，氧气压力为 0.3～0.4MPa，乙炔压力为 0.02～0.04MPa，按薄钢板气割工艺要点进行切割练习。

4. 厚钢板的气割

（1）厚钢板气割的工艺要点

1）选择的割嘴号码应与钢板的厚度相适应。

2）预热火焰能率要大，氧气和乙炔量的供应充足。

3）气割开始，为缩短预热时间可由割件边缘棱角处开始预热，待割件预热到切割温度时，逐渐开大切割氧压力，并将割嘴稍向气割方向倾斜 5°～10°，待割件边缘全部割透时，再加大切割氧流，并使割嘴垂直于割件。进入正常气割过程以后，割嘴要始终与割件垂直，移动速度要慢。

4）如果割不透，应立刻关闭切割氧停割，再从割线的另一端重新起割。

5）气割快结束时，速度要放慢些，割嘴向气割反方向倾斜一定角度。

（2）厚钢板的直线气割　厚度为 25mm 的低碳钢板，割炬为 G01—30 型，3 号环形割嘴，氧气压力为 0.5~0.7MPa，乙炔压力为 0.05~0.10MPa，按厚钢板气割工艺要点进行切割练习。

5. 坡口的手工气割

手工气割坡口时，气割前，首先在割件的待割处按坡口尺寸划好线，然后将割嘴按坡口角度对好，以向后拉或向前推的方法进行切割。坡口的气割，其切割速度比一般的分离切割要稍慢，预热火焰的能率要适当减小，切割氧的压力应稍加大。

为了获得宽窄一致、角度相等且美观的切割坡口，可将割嘴靠在扣放的角钢上进行切割。

三、注意事项

1）气割薄钢板和坡口时，割嘴都要倾斜较大的角度，并注意防止飞溅、烫伤和火灾。

2）在气割厚钢板时，有时由于割不透而造成高压氧将铁液从割件上方喷出，此时应及时关闭高压氧，防止烫伤和火灾。

四、质量评定

1）切口位置要准确。

2）薄钢板切割时割口平齐，无过烧现象，变形量小。

3）厚钢板切割时割口平齐，无明显挂渣、塌边、割不透现象，后拖量小。

4）坡口切割时角度要准确，坡口面平直。

复 习 题

1. 气焊、气割的常用设备有哪些？
2. 如何检查焊、割炬的射吸情况？
3. 回火保险器的作用是什么？
4. 射吸式割炬由哪几部分组成？
5. 如何调整焊、割炬火焰能率的大小？
6. 氧乙炔焰按其不同比率可分为哪几种？
7. 焊炬发生回火时应如何处理？
8. 割炬发生鸣爆和回火的原因是什么？应如何处理？
9. 焊炬和焊丝的运动包括哪三个动作？各自的作用是什么？
10. 焊接过程中焊炬倾角是如何变化的？为什么要发生变化？
11. 如何根据割件的厚度选择割炬倾角？
12. 薄钢板气割的工艺特点是什么？
13. 厚钢板气割的工艺特点是什么？

单元二　焊条电弧焊的基本知识

课题一　焊条电弧焊的理论知识

【学习任务】
1. 了解焊条电弧焊设备与工具的用途，掌握其使用方法。
2. 掌握一定的焊接安全生产知识。
3. 熟悉焊接参数对焊缝成形的影响。
4. 掌握焊接参数的选择原则。

【理论知识一】　焊条电弧焊设备与工具

一、弧焊电源的种类

焊条电弧焊设备的主要功能是为电弧提供电能，其中弧焊电源是焊条电弧焊设备中的主要部分，包括交流电源和直流电源两大类。

交流电源即弧焊变压器。直流电源包括直流弧焊发电机和弧焊整流器两类，直流弧焊发电机由于造价高、噪声大、耗电大、空载损耗大等缺点，早已明令为淘汰产品，并已停止生产。

1. 弧焊变压器

弧焊变压器通常称为交流弧焊机，是一种特殊的降压变压器。其优点是结构简单，使用方便，易于维修，价格便宜，无磁偏吹，噪声小等，是目前应用较广泛的一种焊条电弧焊交流电源；缺点是不能用于碱性低氢型焊条的焊接。常见的交流弧焊机有动铁式和动圈式两类。其型号有 BX1—330、BX3—300、BX3—500、BX2—500 和 BX2—1000 等几种。

BX1—330 型弧焊变压器是目前应用较广的一种焊条电弧焊交流电源，通过改变活动铁心的位置调节电流的大小。活动铁心向外移动时，漏磁减少，电流增加；反之，电流减小。该机型可用于焊条电弧焊、埋弧焊和手工钨极氩弧焊。

2. 弧焊整流器

弧焊整流器是将交流电经变压、整流转换成直流电的焊接电源。其优点是噪声小，空载损耗小；缺点是过载能力小，使用和维护要求较高等。弧焊整流器可作为各种电弧焊方法的电源，其使用日益增多。采用硅整流器作整流元件为硅弧焊整流器或硅整流弧焊机；采用晶闸管作整流元件为晶闸管整流弧焊机。弧焊整流器的型号有 ZXG—300 和 ZXG—500 等。

ZXG—300 型弧焊整流器属于硅整流弧焊机，焊接电流的调节是通过调节面板上的焊接电流控制器来实现的。通过改变磁饱和电抗器控制绕组中的直流电大小，铁心中磁通发生相应变化。如果增大直流绕组中控制电流的数值，则饱和电抗器产生的电压降减小，焊接电流增大；反之，焊接电流就会减小。

二、弧焊电源的正确使用与维护

1. 弧焊电源的外部接线

弧焊电源的外部接线主要包括开关、熔断器、电源电缆线（电网到弧焊电源）和焊接电缆线（电源到焊钳、电源到焊件）的连接。图2-1和图2-2所示分别为弧焊变压器和弧焊整流器的外部接线。

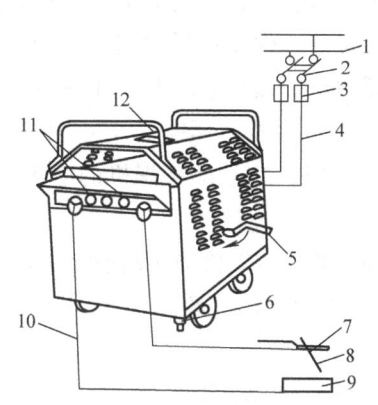

图 2-1　弧焊变压器的外部接线

1—外电网　2—刀开关　3—熔断器　4—电源电缆线
5—电流调节摇柄　6—保护接地线　7—焊钳　8—焊条
9—焊件　10—焊接电缆线　11—粗调电流接线板
12—电流指示表

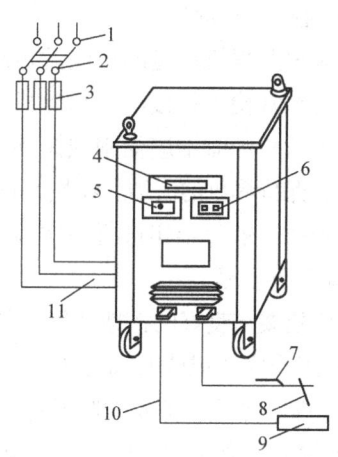

图 2-2　弧焊整流器的外部接线

1—外电网　2—刀开关　3—熔断器　4—电流指示表
5—电流调节器　6—电源开关　7—焊钳　8—焊条
9—焊件　10—焊接电缆线　11—电源电缆线

弧焊变压器有两排接线柱，变压器一次绕组引出的接线柱，应与外电网连接，而变压器二次绕组引出接线柱，应与焊钳、焊件连接。一次侧接线柱较细，二次侧接线柱较粗，焊机接入外电网时，要明确铭牌上所标出的电源电压数值是220V还是380V，必须使两者电压相符合，不能接错。

弧焊整流器也有两排接线柱，通常电源有三个接线柱。弧焊整流器输出接线柱有正、负之分，应根据焊接工艺的要求来确定接法。

为防止触电，焊机外壳上均有接地螺钉，用来连接地线。

除了外部接线的正确连接外，还要合理选择电源电缆线、电源开关、熔丝、焊接电缆线的规格等。

电源电缆线应采用耐压500V的电缆线，电缆长度一般为2～3m。导线截面积可按允许电流密度5～10A/mm² 计算，如果采用铝芯导线，截面积应增大1.6倍。

焊接电缆线一般采用细铜丝绞成的单芯软电缆线，常用焊条电弧焊焊机焊接电缆线长度在20m以下时，电流密度可取4～10A/mm²。如果导线加长，应选择截面稍大的导线，以保证焊接回路中导线上的电压降小于4V。

电源开关有刀开关、铁壳开关和自动空气开关等。

2. 弧焊电源的正确使用

弧焊电源是电弧的供电设备,在使用过程中要注意其对操作者的安全,避免发生人身触电事故。同时,要保证焊机的正常运行,防止焊机损坏。关于焊机的正确使用要注意以下几点:

1) 焊机的接线和安装应由专门的电工负责,焊工不应自行操作。

2) 焊工推拉刀开关时,头部不要正对电闸,防止因短路产生电火花烧伤面部。

3) 当焊钳和焊件短路时,不得起动焊机,以免起动电流过大烧坏焊机;暂停工作时不准将焊钳直接放在焊件上。

4) 应按照焊机规定的相应的负载持续率和焊接电流来使用,防止焊机因过载而损坏。

5) 要经常检查焊接电缆与焊机接线柱的接触是否良好,保持螺母紧固。

6) 焊机移动时不应受剧烈振动,特别是硅整流弧焊机,以免影响其工作性能。

7) 要保持焊机的清洁,特别是硅整流弧焊机,应定期用干燥的压缩空气吹净内部的灰尘。

8) 焊机一般每半年进行一次检修,当焊机发生故障时,应立即将焊机的电源切断,及时进行检查和修理。

9) 焊机要有良好的接地装置,其螺钉不得小于 M8,并应定期检测接地系统的电气性能。

10) 工作完毕或临时离开工作场地时,必须及时切断焊机的电源。

3. 弧焊电源的维护及故障排除

当弧焊变压器出现故障时,应立即切断电源及时检修。弧焊变压器的常见故障及排除方法见表 2-1。

表 2-1 弧焊变压器的常见故障及排除方法

故障特征	可能产生的原因	排除方法
焊机过热	焊机过载 变压器绕组短路 铁心螺杆绝缘损坏	减小焊接电流 消除短路 恢复绝缘
焊接过程中电流忽大忽小	焊接电缆、焊条等接触不良 可动铁心随焊机振动而移动	使接触可靠 防止铁心移动
可动铁心在焊接过程中发出强烈的嗡嗡声	可动铁心的制动螺钉或弹簧太松 铁心活动部分的移动机构损坏	紧固螺钉或调整弹簧拉力 检查并修理移动机构
焊机外壳带电	一次绕组或二次绕组碰壳 电源线与罩壳碰接 焊接电缆误碰外壳 未接地或接地不良	检查并消除碰壳处 消除碰壳现象 消除碰壳现象 接好地线
焊接电流过小	焊接电缆过长,降压太大 焊接电缆卷成盘形,电感太大 电缆接线柱与焊件接触不良	减小电缆长度或加大直径 将电缆放开,不使它成盘状 使接触可靠

硅整流弧焊机的常见故障及其排除方法见表 2-2。应特别注意,当硅整流元件损坏时,必须待故障排除后才能更换新元件。

表 2-2　硅整流弧焊机的常见故障及排除方法

故障特征	可能产生的原因	排除方法
焊机空载电压太低	网路电压过低 变压器一次绕组匝间短路 磁力起动器接触不良	调整电压至额定值 消除短路现象 使接触良好
焊接电流调节失灵	控制绕组匝间短路 焊接电流控制器接触不良 控制整流元件击穿	消除短路现象 使控制器接触良好 更换元件
焊接电流不稳	主回路交流接触器抖动 风压开关抖动 控制绕组接触不良	消除抖动 消除抖动 使其接触良好
风扇电动机不转	熔丝烧断 电动机绕组断线 按钮开关触头接触不良	更换熔丝 修复或更换电动机 修复或更换按扭开关
焊接过程中焊接电压突然降低	主回路全部或部分产生短路 整流元件击穿 控制回路断路	修复线路 更换元件，检查保护线路 检修控制回路
焊机外壳带电	电源线误碰罩壳 变压器、电抗器、风扇及控制线路元件等碰罩壳 未接地线或接地线不良	检查并消除碰壳现象 消除碰罩壳现象 接好地线

三、焊条电弧焊常用工具

1. 电焊钳

电焊钳是焊条电弧焊中必不可少的工具，其作用是夹紧焊条和传导焊接电流。电焊钳的构造如图 2-3 所示。

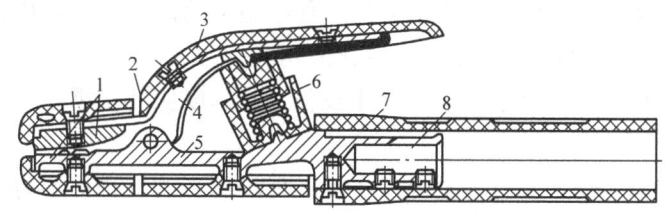

图 2-3　电焊钳的构造

1—钳口　2—固定销　3—弯臂罩壳　4—弯臂　5—直柄　6—弹簧　7—胶布手柄　8—焊接电缆固定处

使用电焊钳的安全技术要求有以下几点：

1）焊钳的制造应轻便，易于操作，一般质量不超过 600g。

2）根据不同的焊钳规格，能在与手柄轴线呈 90°、120°和 180°角度的情况下，可靠地夹持所适用的不同直径的焊条。

3）钳口与焊条要经常保持良好接触，焊钳与电缆线连接要牢固可靠，这是防止焊钳发生异常发热的关键。在额定负载情况下，手柄表面温度不允许超过50℃。

4）焊钳表面要有良好的绝缘性能，绝缘电阻值要高于1MΩ。

5）禁止使用没有绝缘的自制简易焊钳。

2. 焊接电缆

二次回路的焊接电缆用来传导焊接电流。电流通过电缆会发热，且电流越大，发热越多。其安全技术要求为：

1）焊接电缆线应具有良好的导电能力，良好的绝缘表层。线芯为多股细铜线（直径在0.2~0.4mm），其特点是轻便、柔软、便于操作。其截面积应根据载流量和长度的不同来确定，以防在使用中因过热而烧毁绝缘层。

2）电缆外表必须完整，其绝缘电阻不得小于1MΩ，外皮破损时应及时修补完好。

3）一般要使用整根导线，中间不应有接头。因工作需要接长导线时，应使用专用接头牢固连接，连接处外表应保持良好的绝缘性能。

4）焊接电缆需要横过马路或通道时，必须采取护套保护等措施，严禁搭在气瓶或其他易燃物品的容器或材料上。

5）禁止焊接电缆与油脂等易燃物品接触。

四、焊条电弧焊辅助工具

焊条电弧焊常用的辅助工具有清渣锤、钢丝刷、扁铲、锉刀、角向磨光机、焊条烘干箱和焊条保温筒等。

（1）清渣锤　清渣锤是清除焊渣用的尖锤，可提高清渣效率。

（2）钢丝刷　钢丝刷用以清除焊件表面的铁锈、油污等。清理坡口和多层焊道时，宜用2~3行窄形弯把钢丝刷。

（3）扁铲　扁铲用于清除焊渣，也可铲除飞溅物和焊瘤。

（4）锉刀　锉刀一般使用半圆锉，用于修理根部接头。

（5）角向磨光机　角向磨光机实际上是一种小型电动砂轮，主要用来打磨坡口和焊缝接头处。如果换上同直径的钢丝轮，还可用来除锈。

（6）烘干箱　烘干箱是烘干焊条的专用设备，其温度应能根据需要来调节，温度控制精确度要高。

（7）焊条保温筒　焊条保温筒是焊工在施工现场携带的一种保温容器，可以储存少量焊条。

五、焊条电弧焊防护用品

焊条电弧焊常用的个人防护用品主要有以下几种：

（1）面罩　面罩是用来保护焊工面部及颈部免受强烈的弧光及金属飞溅物的灼伤。面罩有手持式和头盔式两种。面罩的正面开有长形孔，内嵌护目玻璃。

（2）护目玻璃　护目玻璃（黑玻璃）装在面罩上，用来减弱弧光强度，吸收大部分红外线和紫外线。焊接时，焊工通过护目玻璃观察熔池的情况，正确掌握和控制焊接过程，避免眼睛受弧光灼伤。黑玻璃是特制的化学玻璃，为使其不受损坏，用白玻璃保护使用。

选择合适的护目玻璃很重要，颜色太深会看不清熔池，眼睛容易疲劳；颜色太浅，长时间工作对视力有危害。护目玻璃以墨绿色和橙色为多，按颜色的深浅度不同，护目玻璃包括6个型号，即7~12号，号数越大，色泽越深。色号可根据焊接电流的大小、焊工年龄和视力情况来确定。例如年轻的焊工视力好，宜用颜色较深的，以保护视力。

（3）焊工手套　焊工手套是保护焊工手臂不受损伤和防止触电的专用护具，其长度不得小于300mm，不要戴手套直接拿灼热的焊件和焊条头，破损的手套应及时修补或更换。

（4）护脚　护脚是保护焊工的脚腕不受损伤的保护用品。

（5）工作服　工作服是防止弧光及火花灼伤人体的防护用品，一般选用较坚固而不易着火的帆布，袖口要小，开口不要过多。焊接时上衣不要束在裤腰里，口袋应盖好，纽扣应扣好。

（6）平光眼镜　平光眼镜是清渣时配戴的，以防止熔渣灼伤眼睛。

【理论知识二】　焊接安全生产知识

一、学习焊接安全生产知识的重要性

焊接是一种应用范围很广泛的金属加工方法，与其他加工方法相比，焊接具有生产周期短，成本低，结构设计灵活，用材合理等一系列优点，故而在工业生产中得到了广泛应用。

焊工在工作过程中需要与各种易燃易爆气体、易燃液体、压力容器和电机电器等接触，在焊接过程中会产生有毒气体、有害粉尘、弧光辐射和焊接热源的高温等，如果焊工不懂或不遵守安全操作规程，就有可能引起触电、灼伤、火灾、爆炸和急性中毒等事故，长期不当接触也会影响焊工身体健康。此外还可能危及设备、厂房和周围人员安全，给国家和企业带来一定的损失。

焊工只有掌握焊接操作的基本原理、操作安全及防护方法，严格执行各项安全操作规程，从思想上重视安全生产，明确安全生产的重要性，增强责任感，才能避免和杜绝事故的发生，保证安全生产。

二、焊接生产安全技术

焊条电弧焊操作过程中容易引起的事故主要有触电、弧光辐射、烧烫伤、有害气体中毒等，严重时还会引发火灾和爆炸事故。

1. 预防触电的安全技术

1）电焊机外壳必须牢靠的接地或接零，与电源连接的导线都要有可靠的绝缘，以防漏电时造成危险。

2）在搬运、检修焊机，更换焊机熔丝，改变极性及二次回路的布设时，必须确保切断电源。

3）推拉闸门开关时，必须戴绝缘手套。

4）电焊钳要有可靠的绝缘性能，不允许采用简易无绝缘外壳的焊钳。工作中断时，焊

钳要放在安全地方，防止焊钳与焊件接触。

5）更换焊条时，应戴好焊工手套，焊工手套应保持干燥、绝缘可靠。夏天出汗后衣服潮湿，应避免身体与焊件直接接触。

6）焊工在操作时，必须穿好干燥的工作服、手套和绝缘鞋，不能穿有铁钉的鞋或布鞋。绝缘手套的制作材料为柔软的皮革或帆布。

7）焊接电缆应完整绝缘，避免电缆绝缘层被碾压或被电弧、灼热的焊缝金属等烧坏。如果绝缘层有破损应立即进行修理或调换。

8）焊工在光线昏暗的地方操作时，所使用的照明灯电压应不大于36V，在潮湿、金属容器内等危险环境下，照明灯电压不得超过12V。

9）在金属容器内或狭小工作场地焊接时，必须采用专门的防护装置。如采用绝缘橡胶衬垫，穿绝缘鞋，戴绝缘手套，以保证焊工身体与带电体绝缘。此外，要安排两人轮换工作，以便相互照顾。

10）焊机一次侧接线、检查和修理必须由持证电工来完成，焊工不得自行检查和修理。

11）遇有触电者，切不可赤手直接去拉，应迅速切断电源，或用干燥的木棍将电线从触电人员身上挑开。如果触电者呈现昏迷状态，应立即施行人工呼吸，并尽快送其去医院抢救。

2. 预防金属飞溅物和弧光灼伤的安全技术

1）焊接时必须使用镶有特制护目镜片的面罩。

2）焊工操作时，应穿帆布工作服，戴好手套和鞋盖，上衣不要束在裤腰里，裤脚管不应卷起，工作服上的口袋均应盖好口袋盖。

3）焊接操作时，应使用屏风板，以免周围人员受到强烈弧光辐射伤害。

3. 预防爆炸和火灾的安全技术

1）焊接场地禁放易燃易爆物品，场地内应备有消防器材，并保证足够的照明和良好的通风。

2）焊接场地10m内不应有储存油类或其他易燃、易爆物品的器皿、管线或氧气瓶。

3）密封容器焊接前应首先查明容器内是否有压力，带压容器一定要先解除压力再焊接。

4）当补焊盛过易燃易爆物品的器具（如油箱、油桶等）时，焊前应对器具进行仔细清理，检测合格后，再打开封口焊接，但不得站在打开的封口处操作。

5）焊条头及焊后的焊件不能随便乱扔，要妥善管理，更不能扔在易燃、易爆物品的附近，以免发生火灾。

6）高空作业时，应有标准的防火安全带。如果焊件的下部有易燃物品，应使用防火材料将其遮盖。

7）离开焊接现场时，应关闭气源和电源，并将火源熄灭。

4. 预防中毒的安全技术

1）室内焊接时，应有良好的通风设施。

2）在容器内或狭小的工作场地焊接时，应注意通风排气，采用新鲜压缩空气而非氧气进行通风。

3) 焊接铜、铝、铅、锌等非铁金属时，会产生多种有害气体，应戴防护口罩。

【理论知识三】　焊接参数的选择

为了保证焊接质量而选定的焊条种类、牌号和直径，焊接电流的种类、极性和大小，电弧电压，焊接速度，焊道层次等物理量称为焊条电弧焊的焊接参数。选择合适的焊接参数，对提高焊接质量和生产效率是十分重要的，下面分别讲述这些焊接参数的选择原则，以及它们对焊缝成形的影响。

一、焊条的选择

1. 焊条种类和牌号的选择

根据母材的性能、接头的刚性和工作条件选择焊条，焊接一般碳钢和低合金结构钢时主要按等强度原则选择焊条的强度级别，一般结构选用酸性焊条，重要结构选用碱性焊条。

2. 焊接电源种类和极性的选择

通常根据焊条类型确定焊接电源的种类，低氢钠型焊条必须采用直流反接；低氢钾型焊条可采用直流反接或交流电源；酸性焊条通常采用交流电源焊接，也可以用直流电源，焊厚板时用直流正接，焊薄板时用直流反接。

3. 焊条直径的选择

为提高生产效率，应尽可能地选用直径较大的焊条。但是焊条直径过大，容易造成未焊透或焊缝成形不良等缺陷。焊条直径的选择与下列因素有关：

(1) 焊件厚度　一般情况下，焊条厚度与焊件直径之间的关系见表2-3。

表2-3　焊条厚度与焊件直径的关系　　　　　　　　　　（单位：mm）

焊件厚度	≤1.5	2	3	4~5	6~12	≥13
焊条直径	1.6	2	3.2	3.2~4	4~5	4~6

(2) 焊接位置　平焊时采用的焊条直径应比其他位置焊接时大一些；立焊时焊条的最大直径不超过5mm；而仰焊、横焊时焊条的最大直径不超过4mm，这样可形成较小的熔池，以减少熔化金属的下淌。

(3) 焊道层次　在进行多层焊时，为了保证根部焊透，第一层焊道应采用直径较小的焊条，之后各层可根据焊件厚度选用直径较大的焊条。

二、焊接电流的选择

焊接电流是焊条电弧焊最重要的焊接参数，因为焊工在操作过程中需要调节的只有焊接电流，而焊接速度和电弧电压都是由焊工灵活控制的。增大焊接电流，熔深加大（焊缝宽度和余高变化都不大），焊条熔化加快，能提高生产率，但电流过大，飞溅和烟雾大，药皮易发红和脱落，而且易造成焊缝咬边、烧穿等缺陷，同时金属组织也会因过热而发生变化；相反，电流过小时，引弧困难，焊条容易粘在工件上，电弧不稳，会造成夹渣、未焊透等缺陷，降低焊接接头的力学性能，因此，应选择合适的焊接电流。焊接时，电流强度与焊条类型、焊条直径、焊件厚度、接头形式、焊接位置和焊道层次等因素有关，其中主要的是焊条直径、焊接位置和焊道层次。

1. 焊接电流和焊条直径的关系

当焊件厚度较小时，焊条直径要选小些，焊接电流也应选小些；反之，则应选择较大的焊条直径，电流强度也要相应增大。低碳钢平焊的焊接电流与焊条直径的关系见表2-4。

表2-4 焊接电流与焊条直径的关系

焊条直径/mm	1.6	2.0	2.5	3.2	4.0	5.0	6.0
焊接电流/A	25~40	40~65	60~80	90~130	150~210	200~270	260~310

还可以根据选定的焊条直径，用下面的经验公式计算焊接电流。

$$I = 10d^2$$

式中 I——焊接电流（A）；

d——焊条直径（mm）。

2. 焊接电流与焊接位置的关系

平焊时，由于运条和控制熔池中的熔化金属比较容易，因此可以选择较大的焊接电流。但在其他位置焊接时，为了避免熔池金属下淌，应适当减小焊接电流。在焊件厚度、接头形式与焊条直径相同的情况下，立焊时的焊接电流比平焊时减小10%~15%，而仰焊时的焊接电流要比平焊减小10%~20%。当使用碱性焊条时，焊接电流要比酸性焊条小10%。

3. 焊接电流与焊道层次的关系

通常焊接打底层焊道时，特别是单面焊双面成形的焊道，使用的焊接电流要小，便于操作和保证背面焊道的质量；填充焊时，为提高效率，保证熔合良好，通常都使用较大的焊接电流；而盖面焊时，为防止咬边并获得美观的焊缝，使用的电流稍小些。

实际生产过程中，焊工都是通过简单估算后再进行试焊来选择电流。在焊件上试焊，通过在焊接过程中观察熔池的变化情况，熔渣和铁液的分离情况，飞溅大小，焊条是否发红，焊缝成形是否好，脱渣性是否好等来辨别。具体辨别方法如下：

电流合适时，容易引弧，电弧稳定，熔池温度较高，熔渣很容易从铁液中分离出来，能观察到颜色比较暗的液体从熔池中翻出，并向熔池后面集中，熔池较亮，表面稍下凹，但很平稳地向前移动，焊接过程中飞溅很小，能听到均匀的劈啪声；焊后焊缝两侧圆滑地过渡到母材，鱼鳞纹较细，焊渣也容易敲掉。

电流太小，引弧困难，焊条容易粘在工件上，焊道余高较大，鱼鳞纹粗，两侧熔合不好；当焊接电流太小时，无法形成焊道，熔化的焊条金属粘在工件上像一条蚯蚓，十分难看。

电流太大，飞溅和烟雾很大，焊条药皮成块脱落，焊条发红，电弧吹力大，熔池有一个很深的凹坑，表面很亮，容易产生烧穿、咬边；由于焊机负载过重，还可听到明显的哼哼声；焊缝外观很难看，鱼鳞纹粗。

三、电弧电压的选择

电弧电压主要影响焊缝的宽窄，电弧电压越高，焊缝越宽。电弧电压主要由焊工灵活掌握。

电弧电压实际上取决于弧长，电弧越长，电弧电压越高；电弧越短，电弧电压越低。电弧太长时，电弧燃烧不稳，飞溅大，容易产生咬边、气孔等缺陷。一般情况下，电弧长度等于焊条直径的 0.5~1 倍，相应的电弧电压为 16~25V。碱性焊条的电弧长度应为焊条直径的二分之一，酸性焊条的电弧长度应小于或等于焊条直径。

四、焊接速度的选择

焊接速度就是单位时间内完成焊缝的长度。焊条电弧焊时，在保证焊缝具有合乎要求的尺寸和外形、熔合良好的原则下，焊接速度由焊工根据具体情况灵活掌握。

五、焊接层数的选择

在厚板焊接时，必须采用多层焊或多层多道焊。多层焊的前一条焊道对后一条焊道起预热作用，而后一条焊道对前一条焊道起热处理作用（退火和缓冷），有利于提高焊缝金属的塑性和韧性。每层焊道厚度不能大于 4~5mm。

课题二　焊条电弧焊的基本操作

焊条电弧焊的基本操作包括：引弧、焊道起头、运条、焊道连接和焊道收尾。本课题通过平敷焊分别介绍其操作要点。

【实训任务】
1. 掌握焊条电弧焊的两种引弧方法的操作要点。
2. 掌握焊条夹角和倾角的含义，并能在操作中熟练应用。
3. 掌握焊条的三种基本运动。
4. 掌握焊道起头、焊道连接及焊道收尾的基本操作方法。

【技能训练】

一、设备及材料

1. 设备
焊接设备有 BX1—330 型焊机和角向磨光机。
2. 焊件
焊件为低碳钢板，板厚 4~6mm，规格为 300mm×150mm。
3. 焊接材料
焊接材料是 E4303 型焊条，直径为 3.2mm。

二、实训步骤及操作要点

1. 操作前的准备
1）清理焊件表面油污、铁锈及其他污物。
2）检查焊机、焊钳、接地线、焊钳线、焊接电缆有无事故隐患。

3) 穿好工作服、绝缘鞋，戴好手套、鞋盖。

4) 检查焊帽上的护目镜片是否符合要求，有无破损、漏光现象。

5) 在焊件上沿 300mm 长度方向间隔 10～12mm 划直线。

2. 焊条角度与焊接电流

焊条夹角为 90°，焊条倾角为 70°～80°，如图 2-4 所示。焊接电流为 110～130A。

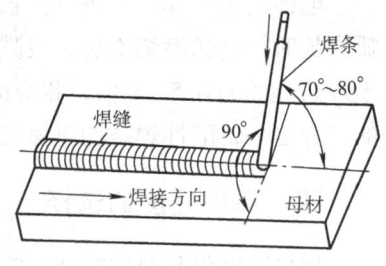

图 2-4　平敷焊时的焊条角度

焊条夹角是指焊条与焊缝两侧母材之间的角度；焊条倾角是指焊条与焊缝中心线之间的角度。

3. 引弧

焊条电弧焊引燃焊接电弧的过程，称为引弧。

焊条电弧焊引弧基本上采用接触引弧法，常用的有两种方法：划擦法和直击法，如图 2-5 所示。

(1) 划擦法引弧　先将焊条前端对准焊件，将手腕顺时针扭转，然后将焊条在焊件表面轻微划擦一下，使焊条末端与焊件表面的距离维持在 2～4mm，即引燃了电弧；引弧后，电弧长度不许超过焊条直径。这种引弧方法与划火柴方法相似，比较容易掌握，如图 2-5a 所示。但是在狭小工作面上或不允许烧伤焊件表面时，此方法不太适用。

(2) 直击法引弧　先将焊条前端对准焊件，将手腕下压，然后使焊条在焊件表面上轻微碰

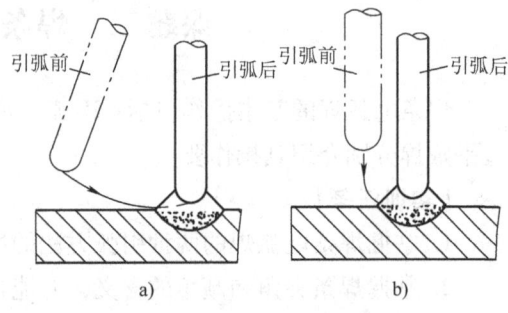

图 2-5　引弧方法
a) 划擦法引弧　b) 直击法引弧

一下，再迅速提起，与焊件保持 2～4mm 的距离，即在空气中产生电弧；引弧后，要把手腕放平，使电弧长度保持在一定距离（一般不超过焊条直径），如图 2-5b 所示。这种引弧方法要求操作时必须掌握好手腕上下动作的时间和高度，初学者较难掌握，一般容易发生电弧熄灭或造成短路现象，这是没有掌握好焊条提起的时间和高度的原因。如果操作时焊条上拉太快或提得太高，都不能引燃电弧或电弧只燃烧一瞬间就熄灭；相反，动作太慢则可能使焊条与焊件粘在一起，造成焊接回路短路。

(3) 引弧的注意事项

1) 引弧处应清洁无油污、无铁锈（以免影响导电和使熔池产生氧化物），防止焊缝产生气孔和夹渣等焊接缺陷。

2) 为便于引弧，焊条前端应裸露焊芯，若焊芯不裸露，可用锉刀轻锉，不得用力敲击，以防焊条药皮脱落造成保护不良。

3) 引弧时焊条提起的时间、高度要适当。

4) 引弧时，手腕动作必须灵活准确，而且要选择好引弧起始点的位置。

5）引弧时，若焊条和焊件粘在一起，一般将焊条左右摇动几下，就可使其脱离焊件，如果焊条还不能脱离焊件，就应立即关闭焊机，然后将焊钳放松，待焊条稍冷后再取下。不可在未断电情况下，松开焊钳，取下焊条，以防产生电火花伤及操作者。如果焊条粘住焊件的时间过长，过大的短路电流会烧坏焊机。

4. 焊道的起头

起头是指刚开始焊接的阶段，在一般情况下这部分焊道略高些，质量也难以保证。

因为焊件在未焊接之前温度较低，而引弧后又不能迅速使其温度升高，所以起点部分的熔深较浅。对焊条来说，在引弧后的 2s 内，焊条药皮未形成大量保护气体，最先熔化的熔滴几乎是在无保护气氛的情况下过渡到熔池中去的，这种保护不好的熔滴中有很多气体，如果这些熔滴在焊接过程中得不到二次熔化，气体就会残留在焊道中形成气孔。

为解决熔深太浅的问题，可在引弧后拉长电弧，使电弧对端头有预热作用，然后适当缩短电弧进行正式焊接。

为减少气孔，可将前几滴熔滴甩掉。操作中的直接方法是采用跳弧焊，即电弧有规律地瞬间离开熔池，甩掉熔滴，但焊接电弧并未中断。另一种间接方法是采用引弧板，即在焊前装配一块金属板，从这块板上开始引弧，焊后割掉。采用引弧板不但保证了起头处的焊接质量，还能使焊接接头始端获得正常尺寸的焊缝，常在焊接重要结构时采用。

5. 运条

在正常焊接阶段，焊条一般有以下三个基本动作，如图 2-6 所示。

（1）沿焊条中心线向熔池的送进运动　此动作是为了保证焊条熔化后继续保持一定的电弧长度，使其始终保持在 2~4mm 长度范围。

（2）焊条的横向摆动　此动作是为了获得较宽的焊缝。横向摆动要均匀一致，以获得同样宽度的焊缝。平敷焊练习时焊条可不摆动。

（3）焊条沿焊接方向的移动　此动作是用来形成焊缝，其速度对焊缝质量有很大的影响。速度太快，焊件与焊条熔化不足，易造成未焊透、焊缝窄等缺陷；速度过慢，则会使焊缝过高、过宽，甚至发生烧穿等。

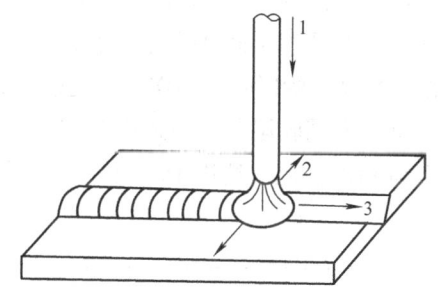

图 2-6　运条的基本动作
1—焊条的送进　2—焊条的摆动　3—沿焊缝的移动

以上三个动作组成了焊条有规则的运动，焊工可以根据焊缝位置、接头形式、焊条直径与性能、电流大小等选择合适的运条方法。

6. 焊道的连接

在操作时，由于受焊条长度的限制，一根焊条往往不能完成一条焊道。因此，出现了焊道前后两段的连接问题。焊道的连接一般有以下几种方式，如图 2-7 所示。

第一种接头方式使用最多，接头的方法是在先焊焊道弧坑稍前（约 10mm）处引弧，电弧长度比正常焊接略微长些（碱性焊条电弧不可加长，否则易产生气孔），然后将电弧移到原弧坑的 2/3 处，填满弧坑后，即向前进入正常焊接，如图 2-7a 所示。如果电弧后移太多，则可能造成接头过高；后移太少，将造成接头脱节，产生弧坑未填满的缺陷。焊接接头时，更换焊条的动作越快越好，因为在熔池尚未冷却时进行连接，不仅能保证质量，而且焊道外表面成形美观。

第二种接头方式，要求先焊焊道的起头处要略低些。连接时，在先焊焊道的起头略前端引弧，并稍微拉长电弧，将电弧引向先焊焊道的起头处，并覆盖它的端头，待起头处焊道焊平后，再沿着与先焊焊道相反的方向移动，如图2-7b所示。

第三种接头方式是后焊道从接头的另一端引弧，焊到前焊道的结尾处，焊接速度略慢些，以填满焊道的弧坑，然后以较快的焊接速度再向前焊一小段，熄弧，如图2-7c所示。

第四种接头方式是后焊的焊道结尾与先焊的焊道起头相连接，要利用结尾时的高温重复熔化先焊焊道的起头处，将焊道焊平后快速收弧，如图2-7d所示。

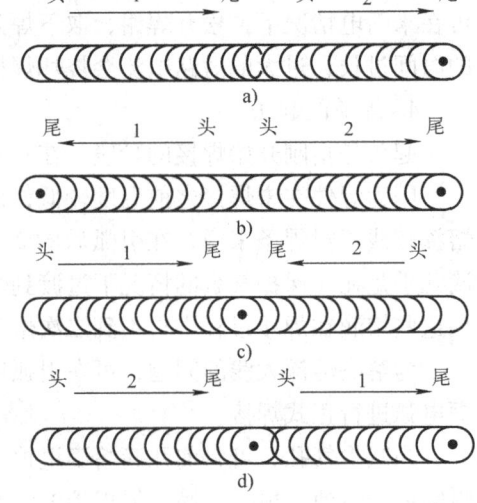

图2-7 焊缝接头的四种形式
a) 中间接头 b) 相背接头
c) 相向接头 d) 分段退焊接头
1—先焊焊缝 2—后焊焊缝

7. 焊道的收尾

焊道的收尾是指一条焊道结束时如何收尾，如果没有操作经验，收尾时即拉断电弧，则会形成低于焊件表面的弧坑，过深的弧坑使焊道收尾处强度减弱，并容易形成应力集中而产生弧坑裂纹。所以收尾动作不仅是熄弧，还要填满弧坑。一般收尾动作有以下几种：

(1) 划圈收尾法 焊条移至焊道终点时，作圆圈运动，直到填满弧坑再拉断电弧，如图2-8a所示。此法适用于厚板焊接，对于薄板有烧穿的危险。

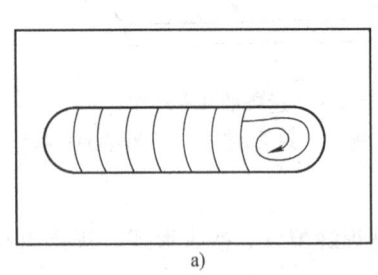 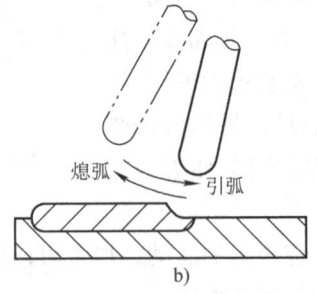 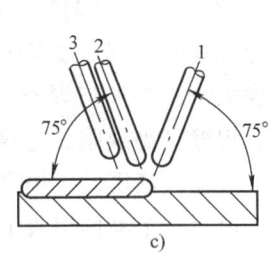

图2-8 焊道的收尾
a) 划圈收尾法 b) 反复断弧收尾法 c) 回焊收尾法

(2) 反复断弧收尾法 焊条移至焊道终点时，在弧坑上需作数次反复熄弧—引弧，直到填满弧坑为止，如图2-8b所示。此法适用于薄板焊接，但碱性焊条不宜采用此法，否则容易产生气孔。

(3) 回焊收尾法 焊条移至焊道收尾处即停止，但未熄弧，此时适当改变焊条角度，如图2-8c所示。焊条由位置1转到位置2，待填满弧坑后再转到位置3，然后慢慢拉断电弧。

碱性焊条宜采用此法。

　　焊接时为了节省焊接材料，每层分两次焊接，第一次焊接时，按照已划好的直线进行，第一次焊接后，每两条焊道之间有一空隙（每条焊道宽8mm，空隙间隔一般为2～4mm）；第二次焊接时，在两焊道中间焊接，这样操作有两个作用，一是可以将铁板焊平，二是可利用已焊好的两侧焊道做坡口用，练习填充坡口。第一层焊好后可在其上面按上述方法焊接下一层。如果存在不平的地方，可以先修补后再焊接。

三、注意事项

1）在使用角向磨光机时一定要严格遵守其操作规范。
2）焊条烘干后，取用时要防止烫伤。
3）焊接操作时，穿戴好防护用品。
4）敲渣时要配戴平光眼镜，保护眼睛。同时注意不能从焊道上方猛敲焊渣，应从操作者侧轻轻向外敲，以防焊渣烫伤皮肤。
5）要在焊机空载状态下调节焊接电流，不允许在焊接过程中调节。

四、质量评定

1）引弧的位置要准确，引弧动作要熟练规范，在规定时间内引弧成功的次数要尽量多。
2）焊道的起头部位要准确，不过高，无气孔，与母材熔合良好。
3）焊道波纹要均匀一致，高度差不超过2mm，与母材过渡圆滑，无夹渣和明显咬边。
4）焊道接头处基本平滑，无过高或凹坑。
5）焊道收尾处弧坑要填满，无气孔、裂纹。

复 习 题

1. 电焊钳的安全技术要求有哪些？
2. 焊接电缆的安全技术要求有哪些？
3. 焊条电弧焊常用的个人防护用品有哪些？
4. 如何选择焊条的直径？
5. 经验法如何辨别焊接电流的大小？
6. 什么叫焊条夹角？
7. 什么叫焊条倾角？
8. 简述划擦法和直击法引弧的动作要领。
9. 焊条粘在焊件上时如何处理？
10. 如何保证焊道起头的焊接质量？
11. 正常焊接时，焊条有哪三个基本动作？各自的作用是什么？
12. 焊道收尾有哪几种方法？各适用于什么场合？

单元三 焊条电弧焊初级工培训内容

课题一 不开坡口平对接焊

平对接焊是在平焊位置上焊接对接接头的一种操作方法,本课题主要介绍6mm以下钢板不开坡口的平对接焊。

【实训任务】
1. 掌握装配及定位焊的技术要求。
2. 掌握不开坡口平对接焊的操作要点。
3. 了解磁偏吹产生的原因,掌握其防止措施。
4. 掌握薄板焊接的操作要点。

【技能训练】

一、设备及材料

1. 设备

焊接设备为 BX1—330 型或 ZXG—300 型焊机。

2. 焊件

焊件为低碳钢板,每组两块,规格分别为 300mm×100mm×2mm(用于薄板焊接)和 300mm×100mm×6mm(用于不开坡口焊接),共两组。

3. 焊接材料

焊接材料是 E4303 型焊条,直径分别为 2mm 和 3.2mm。

二、实训步骤及操作要点

1. 操作前的准备

用砂纸或角向磨光机清除焊件表面的铁锈等污物,直至露出金属光泽。

2. 不开坡口的平对接焊

(1) 装配及定位焊 焊件装配应保证两板对接处齐平,间隙要均匀。定位焊缝长度和间距与板厚有关,具体内容见表3-1。

表 3-1 定位焊缝长度和间距　　　　　　　　（单位:mm）

焊件厚度[①]	定位焊缝尺寸		错边量
	长度	间距	
<4	5~10	50~100	≤10%δ
4~12	10~20	100~200	
>12	15~30	100~300	

① 本书中 δ 均指焊件厚度。

（2）焊接参数　Ⅰ形坡口平对接焊焊接参数见表3-2。

表3-2　Ⅰ形坡口平对接焊焊接参数

焊　道	焊条直径/mm	焊接电流/A
正面焊道	3.2	110~130
背面焊道	3.2	120~130

为保证定位焊缝的质量，应做到以下几点：

1）定位焊缝焊条的选用应与正式焊接的焊条相同。

2）定位焊的电流应比正式焊时大10%~15%，以防出现未焊透等缺陷。

3）焊缝交叉时，定位焊缝应距交叉处50mm以上。

4）为防止正式焊接时产生未焊透等缺陷，定位焊缝的余高不应过高，定位焊缝的两端应与母材平缓过渡。

5）如果定位焊缝开裂，应将裂纹处的焊缝铲除后重新定位焊。

（3）焊接方法　焊缝的起头、连接和收尾的要求与平敷焊操作相同，采用双面双道焊接。

先用直径3.2mm的焊条进行正面焊接，直线形运条，短弧焊接，焊条夹角为90°，倾角为65°~80°，如图3-1所示。

为了获得较大的熔深和宽度，可以适当减慢运条速度。熔深应达到板厚的2/3，焊缝宽度应为5~8mm，余高小于1.5mm，如图3-2所示。

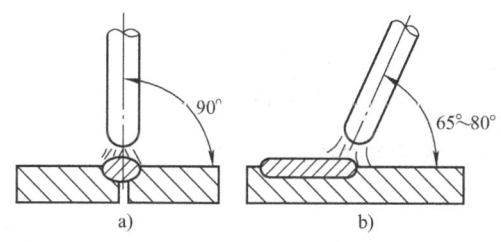

图3-1　平对接焊的焊条角度
a）焊条夹角　b）焊条倾角

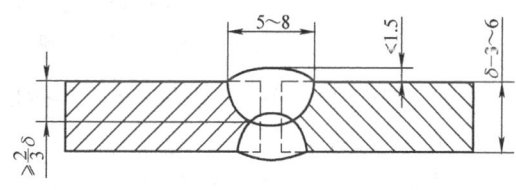

图3-2　不开坡口平对接焊焊缝的尺寸要求

焊接过程中应注意观察熔池的状态，如果发现熔渣与铁液分离不清，可将电弧稍拉长一些，将焊条向焊接方向倾斜，并向熔池后面推送熔渣，这样熔渣就被推到熔池后面。

焊接反面焊道时，除重要结构外，一般不需要清除焊根，但必须清除焊缝背面的熔渣。用直径为3.2mm的焊条焊接时，电流可稍大，运条速度稍快，以熔透为原则。

当选用直流焊机时，要消除磁偏吹对焊接质量的影响。所谓磁偏吹，指焊条电弧焊时，因受电磁力作用而产生的电弧偏移的现象，如图3-3所示。

产生磁偏吹的原因有以下几种：

1）接线位置偏向一侧，如图3-3a所示。

2）电弧附近有铁磁物质，如图3-3b所示。

3）电弧在工件的端部，如图3-3c所示。

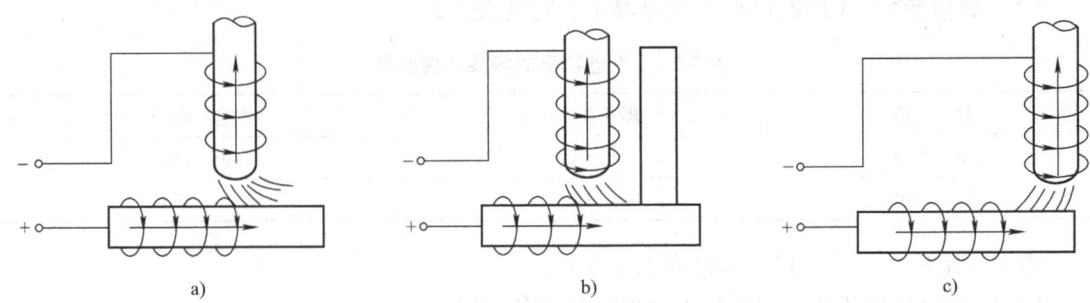

图 3-3 电弧的磁偏吹

a) 接地线位置偏向一侧　b) 电弧附近有铁磁物质　c) 电弧在工件端部

针对以上原因，可分别采取如下措施：

1）适当改变接地线的位置，使电弧周围的磁力线分布较均匀，如图 3-4a 所示。

2）适当调整焊条角度，使焊条偏吹的方向转向熔池，如图 3-4b 所示。

3）在焊缝的两端各加一块引弧板和引出板，如图 3-4c 所示。

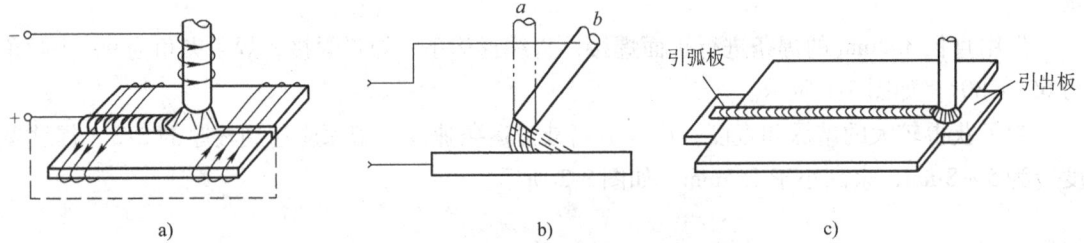

图 3-4　减少或防止磁偏吹的措施

a) 改变接地线位置　b) 调整焊条角度　c) 加引弧板和引出板

此外，在操作时采用小电流、短弧焊接也是减少磁偏吹行之有效的方法。

3. 薄板的平对接焊

当焊接厚 2mm 或更薄的焊件时，极容易产生烧穿、焊缝成形不良、焊后变形严重等缺陷。操作时应注意以下几点：

1）装配间隙尽可能小，最大不超过 0.5mm，剪切时留下的毛刺应在装配时锉修掉。

2）两块钢板装配时，接口处的上下错边量不应超过 10%δ，可采用夹具组装。

3）采用直径较小的焊条焊接时，定位焊缝应短，近似点状，定位焊缝间距要小。例如，焊接 2mm 厚的钢板，用直径 2mm 的焊条，60~90A 电流进行定位焊，定位间距为 80~100mm。

4）焊接时应采用短弧，快速直线运条，以获得较小的熔池和良好的焊缝成形。

5）操作时，可将焊件一头垫起，使其倾斜 15°~20°进行下坡焊，如图 3-5 所示。这样可提高焊接速度和减小熔深，以防止烧穿和减小变形。

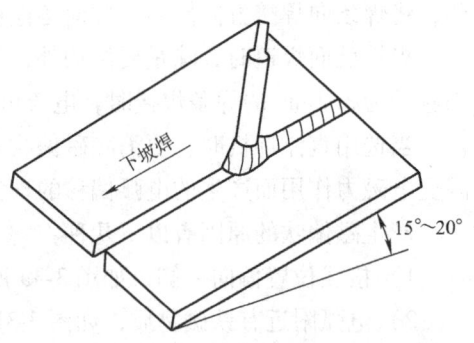

图 3-5　下坡焊操作图

6）由于薄板受热易产生波浪变形，焊接后应进行矫正。

三、注意事项

1）采用双面焊接，焊件翻转时要防止出现烫伤和砸伤事故。
2）焊件背面清渣时要戴好平光眼镜，以防飞溅物伤害眼睛。

四、质量评定

1）平板对接时装配间隙要合适，无错边。
2）定位焊缝位置、长度和间距要合适。
3）焊缝外表面没有气孔、裂纹，局部咬边深度应不大于0.5mm。
4）焊缝余高和焊缝宽度应符合要求。

课题二　平　角　焊

平角焊包括角接接头和T形接头平角焊及搭接接头平角焊。因角接接头与T形接头平焊操作方法相类似，本课题只介绍T形接头和搭接接头平角焊的操作。

【实训任务】
1. 了解角焊缝各部位的名称。
2. 掌握两板厚度不同时焊条夹角的调整方法。
3. 掌握单层、多层、多层多道焊、船形焊和搭接接头平焊的操作要点。

【技能训练】

一、设备及材料

1. 设备
焊接设备为BX1—330型焊机。
2. 焊件
焊件为低碳钢板，规格分别为300mm×50mm×6mm（用于单层焊）和300mm×50mm×10mm（用于多层焊或多层多道焊）两种，每组各两块。
3. 焊接材料
焊接材料是E4303型焊条，直径分别为3.2mm和4mm两种。

二、实训步骤及操作要点

1. 操作前的准备
用砂纸或角向磨光机清除焊件表面的铁锈等污物，直至露出金属光泽。
2. 平角焊的相关知识
（1）角焊缝的各部分名称　角焊缝各部分的名称如图3-6所示。

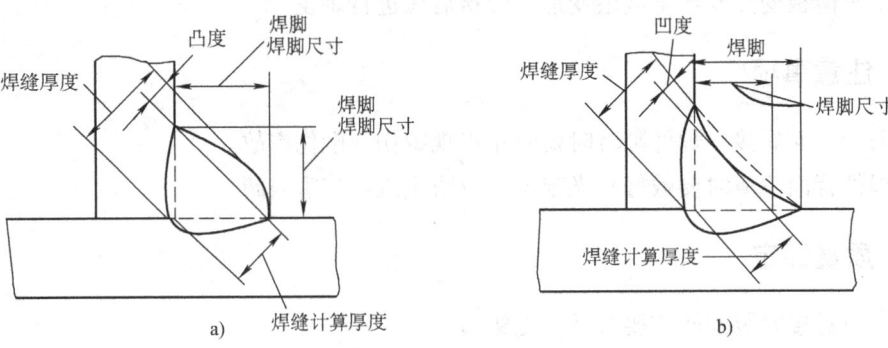

图 3-6　角焊缝的形状
a) 凸形角焊缝　b) 凹形角焊缝

(2) 焊脚尺寸与焊件厚度　一般焊脚尺寸随焊件厚度的增大而增加，焊脚尺寸与焊件厚度的关系见表 3-3。

表 3-3　焊脚尺寸与焊件厚度的关系　　　　　　　　　（单位：mm）

焊件厚度	≥2~3	>3~6	>6~9	>9~12	>12~16	>16~23
最小焊脚尺寸	2	3	4	5	6	8

(3) 焊条角度　焊条角度与两板厚度的关系如图 3-7 所示。

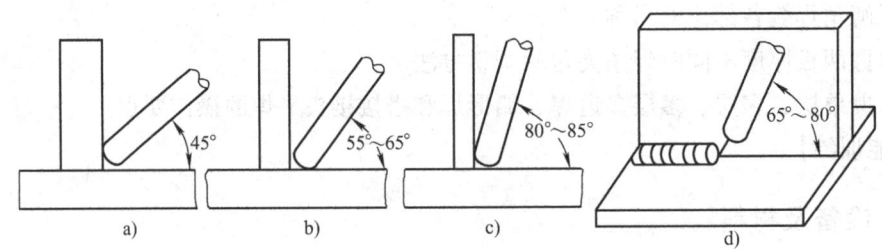

图 3-7　平角焊时焊条角度与两板厚度的关系
a) 两板厚度相等时的焊条夹角　b)、c) 随着竖板厚度变小，焊条夹角变大　d) 焊条倾角

(4) 焊道层次、焊道数与焊脚尺寸的关系　焊脚尺寸决定焊接层次与焊道数。一般当焊脚尺寸在 6mm 以下时，多采用单层焊；焊脚尺寸为 6~10mm 时，采用多层焊；焊脚尺寸大于 10mm 时，采用多层多道焊。装配方法与定位焊基本相同，装配时可考虑留有 1~2mm 间隙。

(5) 焊接参数　焊条直径根据焊件厚度选择，可选 3.2 mm 或 4mm，焊接电流比相同条件下的平对接焊增大 10% 左右。焊接参数见表 3-4。

表 3-4　平角焊的焊接参数

焊　层	焊条直径/mm	焊接电流/A
单层焊	3.2	130~140
多层焊盖面焊	3.2	120~130
	4	170~190

(6) 引弧点的位置 从距起焊点 10mm 处引弧，然后拉长电弧移至起焊点，电弧对焊点有预热作用，可以减少焊接缺陷，清除引弧的痕迹。

3. 焊接操作要点

(1) 单层焊 焊脚尺寸较小时，进行单层焊。操作时，焊条的位置应根据两焊件的厚度来调节。若两焊件厚度不同，电弧应偏向厚板，使两焊件受热较均匀。若两焊件的厚度相同，且焊脚尺寸小于 5mm 时，要保持焊条与水平焊件成 45°夹角，与焊接方向成 65°~80°的夹角。如果角度过小，会造成根部熔深不足；角度过大，熔渣容易跑到熔池前面而造成夹渣。运条时，采用直线形短弧焊接。对焊脚尺寸为 5~6mm 的焊缝，可以采用直径较大的焊条，直线形运条。

(2) 多层焊 当焊脚尺寸为 6~10mm 时，宜采用两层两道焊法。焊第一层时，采用直径 3.2mm 的焊条和稍大的焊接电流（130~140A），以获得较大的熔深，运条方法为直线形运条法，收尾时，应把弧坑填满或略高些，这样在第二次收尾时，就不会因焊缝温度增高而产生弧坑过低的现象。焊接第二层之前，必须将第一层的熔渣清除干净，如果发现夹渣，应采用小直径焊条、大电流修补后，再焊第二层，这样才能保证层与层之间的紧密结合。

(3) 多层多道焊 对于焊脚尺寸大于 10mm 的角焊缝，应采用多层多道焊，如图 3-8 所示。采用多层焊时，焊脚表面较宽，坡口较大，熔化金属易下淌，这会给操作带来一定困难，所以，采用多层多道焊较合适。如果焊脚尺寸为 10~12mm，一般用两层三道焊完。

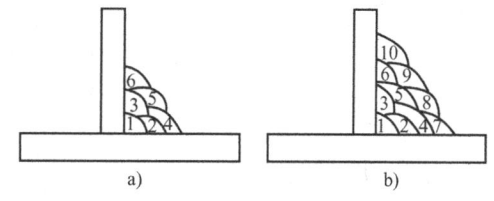

图 3-8 多层多道焊的焊道排列

焊第一条焊道时，可以采用直径为 3.2mm 的焊条，较大的焊接电流，直线形运条法进行焊接，收尾时要注意填满弧坑，焊完将熔渣清除干净。

焊第二条焊道时，对第一条焊道的覆盖不小于 2/3；焊条与水平焊件的角度要稍大些，在 45°~55°之间，以使熔化金属与水平焊件熔合良好；焊条与焊接方向的夹角仍为 65°~80°；运条时采用直线形运条法，运条速度与多层焊时基本相同。

焊第三条焊道时，对第二条焊道的覆盖应有 1/3~1/2；焊条与水平焊件的角度为 40°~45°，角度太大容易产生焊脚下偏现象，运条仍采用直线形运条法，运条速度保持均匀，但不宜太慢，否则易产生焊瘤，使整个焊缝成形不美观。

如果第二条焊道覆盖第一条焊道大于 2/3 时，在焊接第三道时，可以采用直线运条，且运条速度稍快些，以免第三条焊道过高。如果第二道覆盖第一道过少时，第三道焊接可以采用斜圆圈运条法，运条时，在垂直焊件上要稍作停留，以防止咬边，这样就能弥补第二道覆盖过少而产生的焊脚下偏现象。

当焊脚尺寸大于 12mm 时，可采用三层六道、四层十道等来完成，如图 3-8 所示。操作仍按上述方法进行，但这样的平角焊缝只适用于承受较小静载荷的焊件。对于承受重载荷或动载荷的较厚钢板，平角焊时应开坡口。当钢板厚度在 15~40mm 时，可在垂直焊件一边开坡口；当钢板厚度在 40~80mm 时，应在垂直焊件两边开坡口。其焊接方法同多层多道焊接法，但要保证焊缝的根部焊透。

（4）船形焊　在实际生产中，如果能将焊件转动，成为图3-9所示的焊接位置，这种位置的焊接称为船形焊。这样可采用平对接焊的操作方法，有利于选用大直径焊条和较大的焊接电流，且便于操作。船形焊不但能获得较大熔深，而且一次焊成的焊脚尺寸最大可达10mm以上，比平角焊时生产率高，也能比较容易地获得平整美观的焊缝。因此，如有条件应尽量采用船形焊。

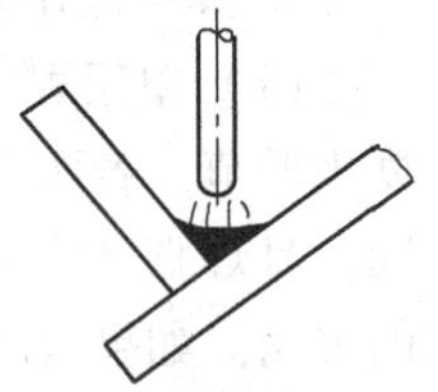

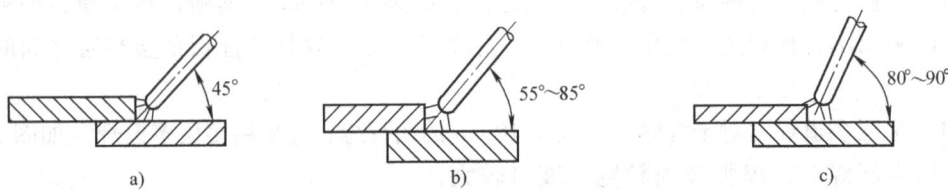

图3-9　船形焊

（5）搭接横角焊　搭接横角焊时，主要的困难是上板边缘容易被电弧高温熔化而产生咬边，同时也容易焊偏，因此必须掌握好焊条角度和运条方法，如图3-10所示。焊条与下板表面的角度应随下板的厚度增大而增大。搭接横角焊根据板厚不同也可分为单层焊、多层焊、多层多道焊，选择方法基本上与T形接头相似。

图3-10　搭接横角焊的焊条角度
a）板厚相等　b）上板略薄　c）上板很薄

三、质量评定

1）焊缝平整，焊波基本均匀，无焊瘤、塌陷、凹坑。

2）焊缝局部咬边深度不大于0.5mm。

3）焊脚尺寸大小均匀，分布对称；焊脚断面形状为内凹，因为这种形状是圆滑过渡，应力集中最小，可提高焊件的承载力；焊脚尺寸偏差小。

课题三　不开坡口立对接焊

立焊是在垂直方向上焊接的一种操作方法。立焊通常是由下向上焊接，称为向上立焊，简称立焊；还有一种是由上向下焊接，称为向下立焊，向下立焊应采用专用的立向下焊条。

【实训任务】

1. 掌握立焊的操作姿势。
2. 掌握立焊时焊条的夹角与倾角。
3. 掌握焊接时为防止熔池下淌采取的技术措施。
4. 掌握跳弧焊和灭弧焊的操作要点。
5. 掌握立向下焊接的操作要点。

【技能训练】

一、设备及材料

1. 设备

焊接设备为 BX1—330 型或 ZXG—300 型焊机。

2. 焊件

焊件为低碳钢板，每组两块，规格分别为 200mm×200mm×4mm（用于薄板焊接）、200mm×200mm×6mm（用于不开坡口焊接）和 200mm×200mm×2mm（用于立向下焊接），共三组。

3. 焊接材料

焊接材料有 E4303 焊条，直径为 2mm 和 3.2mm；E4348 焊条，直径为 3.2mm。

二、实训步骤及操作要点

1. 操作前的准备

用砂纸或角向磨光机清除焊件表面的铁锈等污物，直至露出金属光泽。

2. 立焊要求

立焊操作要比平焊操作困难些，因为在重力作用下，焊条熔化所形成的熔滴及熔池中的熔化金属要向下淌，这样就使焊缝成形困难，外表也不如平焊时美观。为了克服这个困难，可采取以下措施：

（1）采用小直径的焊条　焊条直径在 4mm 以下，使用较小的焊接电流（比平对接焊小 10%~15%）。这样熔池体积较小，冷却凝固快，可以减少熔池高温存在的时间，防止液体金属下淌。

（2）用短弧焊接　弧长等于（0.5~1）倍的焊条直径，缩短焊条熔化金属向熔池中过渡的距离，同时也可以用电弧吹力托住铁液，防止铁液下淌。

（3）采用合适的焊条角度　焊接时焊条与焊件的夹角为 90°，倾角为 60°~80°，如图 3-11 所示。这样的电弧吹力对熔池有向上的推力，有利于熔滴过渡，并托住熔池。

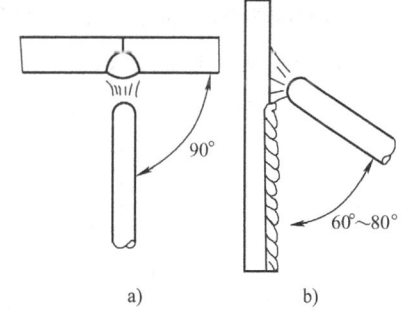

图 3-11　立焊时的焊条角度
a）焊条夹角　b）焊条倾角

（4）采取正确的操作姿势　立焊操作时，胳膊姿势有依托和无依托两种。所谓有依托，是臂膀轻轻地贴在上体的肋部或大腿、膝盖位置，比较平稳、省力。所谓无依托，是把胳臂半伸开或全伸开悬空操作，靠胳臂的伸缩来调节焊条位置，胳臂活动范围大，操作难度较大。开始练习时应采用有依托式。

（5）适当调整握焊钳的方法　为了便于操作和观察熔池情况，握焊钳的方法可适当调整，有正握法和反握法两种，通常采用正握法。当遇到焊接部位较低和难以施焊的位置时，也可采用反握法。

3. 平板立焊

开始立焊时可用平板练习，板厚为 6mm，焊条直径为 3.2mm，焊接电流为 100A 左右，采用连弧焊，锯齿形或月牙形运条法，运条时焊条运动到两侧要稍作停留，中间速度要快。焊道的布置与平敷焊相同。

4. 不开坡口的立对接焊

不开坡口的立对接焊用于薄板的焊接，采用向上立焊时，用跳弧法或灭弧法，以防止烧穿。

（1）装配及定位焊　装配及定位焊与不开坡口平对接焊相同。

（2）焊接参数　焊接参数见表 3-5。

表 3-5　I 形坡口立对接焊焊接参数

焊　道	焊条直径/mm	焊接电流/A
正面焊道	2	45~55
	3.2	80~100
背面焊道	2	50~60
	3.2	80~110

（3）跳弧法　跳弧法是当熔滴脱离焊条末端过渡到熔池后，立即将电弧向焊接方向提起，电弧离开熔池的距离尽可能短，最大长度不超过 6mm，以防止空气侵入。

跳弧法的目的是让熔化的金属迅速冷却凝固，当熔池缩小到焊条直径的（1~1.5）倍时，再将电弧移到上一个熔池上面，在此熔池上形成一个新熔池，如此不断地重复熔化——冷却——凝固的过程，就能由下向上形成一条焊缝。

有时因为焊条的性能或是焊缝的条件关系，可采用其他的运条方法配合其动作，如月牙形跳弧法或锯齿形跳弧法，如图 3-12 所示。

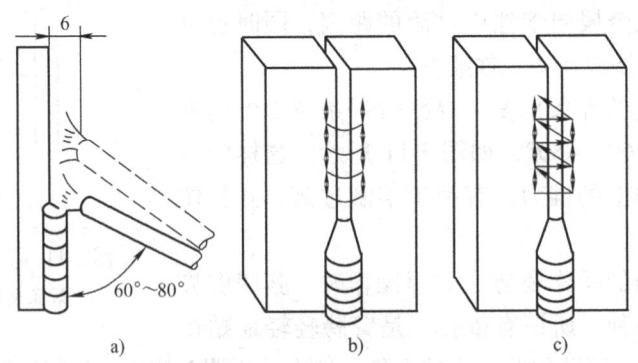

图 3-12　不开坡口立对接焊运条方法
a) 直线形跳弧法　b) 月牙形跳弧法　c) 锯齿形跳弧法

（4）灭弧法　与跳弧法不同的是，当熔滴从焊条末端过渡到熔池后，立即将电弧熄灭，使熔化金属有一个凝固的时间，随后重新在弧坑处引燃电弧。灭弧时间应根据熔池的情况确定，所以在焊接过程中要注意观察熔池形状，熔池形状与熔池温度的关系如图 3-13 所示。通过熔池的形状基本可以判断出熔池的温度是否过高，如发现椭圆形熔池的下部边缘由比较平直的轮廓逐渐变圆时，表示温度已稍高或过高，应立即灭弧，让熔池降温，待熔池瞬时冷却后，再在熔池处引弧继续焊接。一般在开始时，灭弧时间可以短些，因为此时焊件温度还较低，随着焊接时间的延长，灭弧时间也要增加，以避免烧穿和产生焊瘤。

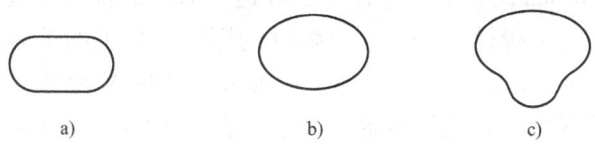

图 3-13　熔池形状与熔池温度的关系
a）温度正常　b）温度稍高　c）温度过高

（5）接头　立对接焊道接头比较困难，容易产生夹渣、焊缝凸起或凹坑等缺陷。接头方法有两种，一是热接法，接头时更换焊条要迅速。在接头时，往往有铁液拉不开或熔渣、铁液混在一起的现象，这主要是由于更换焊条时间太长，引弧后预热不够引起的。产生这种现象时，可以将电弧稍微拉长一些，并在接头处适当延长停留时间，同时增大焊条角度，这样熔渣就会自然滚落下去。二是冷接法，接头时将接头处焊渣清除，从接头的上方引弧并拉长电弧对接头加热，然后迅速将焊条移至接头熔池的 2/3 处，稍作停留，开始焊接。

5. 向下立焊法

这种焊接操作主要用于薄板对接焊缝及某些单道角焊缝的焊接，其特点是焊速高，熔深浅，不易烧穿，焊缝成形美观，同时操作简便，但需要熟练地掌握技巧。其操作要点有：

1）采用 E4348 焊条，使焊缝成形更好。

2）电流应适中，以保证熔合良好。

3）焊接时，先将焊条垂直于焊件表面用直击法引燃电弧，然后将焊条向下倾斜，与焊件下表面成 50°～60°的倾角，利用电弧吹力阻止液态金属向下流淌。

4）采用直线形运条法，一般不做横向摆动。但有时也可稍加摆动，以利于焊缝两侧与母材的熔合。

三、注意事项

1）立焊操作要注意飞溅，应戴好风帽。

2）立焊操作不当时液态金属易下淌，注意穿好鞋盖，并避免使其滴落到焊接电缆上。

3）固定好焊件，防止焊件落下伤人。

四、质量评定

1）焊缝表面应均匀，接头处无接偏、过高或脱节现象，焊波无脱节。

2）焊缝的余高和熔宽要基本均匀，无过高、过低或过宽、过窄的现象。

3）无明显咬边，焊缝表面无夹渣、气孔、未焊透等缺陷。

4）焊缝应无烧穿和塌陷。

课题四　开坡口平对接焊

当焊件厚度大于 6mm 时，为了保证根部焊透，需在焊件对接处加工一定几何形状的坡口。坡口的形式可根据焊件结构形式、焊件的厚度、加工的难易程度和技术要求来选择，常用的坡口形式有 I 形、V 形、X 形、U 形等。其中 V 形坡口是焊接操作和鉴定考核中最常用的。本课题根据职业技能鉴定要求，介绍 12mm 厚板 V 形坡口平对接焊的操作要点。

【实训任务】
1. 掌握焊件装配和定位焊的操作要点。
2. 掌握连弧焊与断弧焊两种打底焊的操作方法。
3. 掌握填充焊与盖面焊的操作要点。

【技能训练】

一、设备及材料

1. 设备

焊接设备为 BX1—330 型或 ZXG—300 型焊机。

2. 焊件

焊件为低碳钢板，每组两块，规格为 300mm×100mm×12mm，V 形坡口，无钝边。

3. 焊接材料

焊接材料是 E4303 焊条，直径为 3.2mm 和 4mm。

二、实训步骤及操作要点

1. 操作前的准备

1）用角向磨光机清除焊件正反表面坡口两侧 20mm 范围内及坡口处的油污、铁锈等，直至露出金属光泽。

2）用锉刀或角向磨光机加工出钝边，并检查两焊件的钝边高度是否一致，配合是否严密，不合适时应加以修整。

3）开坡口平对接装配定位焊尺寸见表 3-6。

表 3-6　开坡口平对接装配定位焊尺寸

操作方法	根部间隙/mm		钝边/mm	反变形角度/(°)	错边量/mm
	始焊端	终焊端			
断弧焊	3.2	4	1～2	4～5	≤1
连弧焊	2	3	0～1	3	

为补偿焊接过程中焊件的收缩量，终焊端根部间隙一般要比始焊端大 0.5～1mm。反变形角度和错边量如图 3-14 所示。

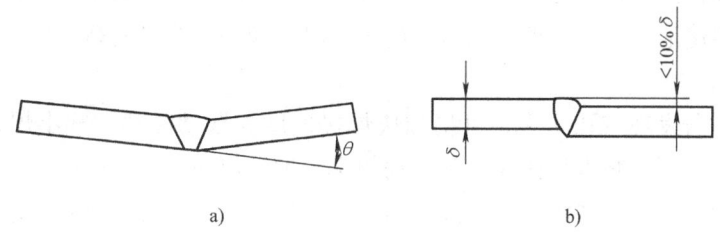

图 3-14 反变形角度和错边量
a) 试件的反变形角度 b) 试件的错边量

定位焊的位置如图 3-15 所示。

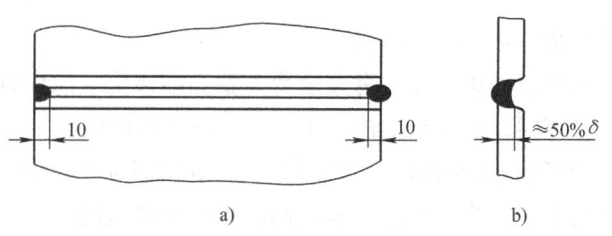

图 3-15 定位焊的位置

2. 焊道层次及焊接参数

焊道层次为四层四道，焊接参数见表 3-7。

表 3-7 开坡口平对接焊的焊接参数

焊　层	焊条直径/mm	焊接电流/A		焊条倾角/(°)	焊条夹角/(°)
打底层	3.2	断弧焊	100~110	30~45	90
		连弧焊	90~100	60~70	
填充层	4	180~200		65~80	
盖面层	4	150~170		70~85	

3. 打底层焊接

打底焊要求单面焊双面成形，这种操作技术有连弧焊和断弧焊两种方法。

（1）连弧焊法　连弧焊打底时的焊接参数见表 3-7，运条采用小幅度锯齿形横向摆动，并在坡口两侧稍作停留，连续向前焊接，即采用连弧焊法打底。

打底焊时焊条从焊件左端定位焊缝的始焊处开始引弧，电弧引燃后，稍作停顿预热，然后横向摆动向右焊接，待电弧到达左端定位焊缝右侧前沿时，将焊条下压并稍作停顿，以便形成熔孔，熔孔形状如图 3-16 所示。此时应立即将焊条提起至离开熔池约 1~2mm，即可向右进行正常焊接。

打底层焊接时为保证得到良好的背面成形和优质焊缝，焊接电弧要控制短些，运条要均匀，前进的速度不宜过快。让焊接电弧的 2/3 覆盖在熔池上，电弧的 1/3 在熔池前，用

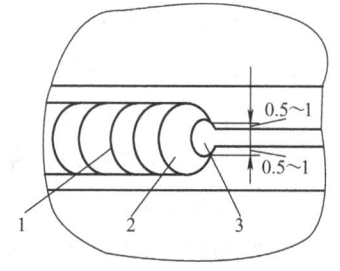

图 3-16 平对接焊的熔孔形状
1—焊缝　2—熔池　3—熔孔

来熔化和击穿焊件的坡口根部形成熔孔。焊接过程中要严格控制熔池的形状，使其保持均匀一致。注意观察熔池的变化及坡口根部的熔化情况，如果有明显的熔孔出现，则背面可能会烧穿或产生焊瘤。

焊接过程中若发现熔孔太大，可稍加快焊接速度和摆动频率，减小焊条与焊件间的夹角；若熔孔太小，则可减慢焊接速度和摆动频率，加大焊条与焊件间的夹角。

焊接过程中要始终保持电弧在铁液的前面，利用电弧和药皮熔化时产生的气体吹力，将铁液吹向熔池后方，这样既能保证熔深，又能保证熔渣与铁液分离，减少夹渣和产生气孔的可能性。如果电弧在熔池后方，则很容易夹渣。

当焊条即将焊完，需要更换焊条时，将焊条向焊接的反方向拉回约10mm，并迅速抬起，使电弧熄灭。

焊缝接头有两种方法：热接法和冷接法。

热接法：在前一根焊条的熔池还没有完全冷却就立即接头。操作时应注意，更换焊条要快，趁熔池还未完全凝固时，即在熔池前方10～20mm处引燃电弧，并立即将电弧后退到接头处，位置要准。估计新熔池的后沿与原先的弧坑后沿相切时立即将焊条前移，开始连续焊接。掌握好电弧下压的时间，当电弧已向前运动，焊至原弧坑的前沿时，必须进一步压低电弧，重新击穿间隙生成新的熔孔，待新熔孔形成后，按前述要点继续焊接。

冷接法：待前一根焊条的熔池冷却后再接头。焊接前，先将收弧处打磨成缓坡形，在离熔池后约10mm处引弧。焊条做横向摆动向前焊接，焊至收弧处前沿时，填满弧坑，焊条下压并稍作停顿，当听到电弧击穿声，形成新的熔孔后，逐渐将焊条抬起，进行正常焊接。

（2）断弧焊法　断弧焊法有一点法、二点法和三点法，这里只介绍一点法。断弧焊的焊接参数见表3-7。

首先在焊件左端的定位焊缝始端引弧，电弧稍作停顿预热，然后以小锯齿形向前运条，当电弧到达定位焊缝终端时，向坡口根部中心压低电弧，稍停顿1～2s左右，当听到击穿坡口根部的"噗"声后，说明熔孔已形成，即产生了第一熔池，迅速灭弧。当熔池金属还未完全凝固，熔池中心尚处于半熔化状态（护目镜下呈黄亮颜色）时，在靠近熔池旁的坡口根部中心重新引弧，并将电弧下压，对焊件坡口根部加热1～2s左右，当听到坡口根部被击穿的"噗"声时，迅速将焊条向焊接反方向挑划。让焊接电弧的2/3保护正面熔池，1/3电弧用来击穿坡口根部，带着熔化金属和熔渣透过熔孔，使背面形成熔池、焊道。焊条挑划后，要立即灭弧。然后重复上述引弧、灭弧、运条动作，即进入正常焊接。

断弧焊法的要点有三个：一是灭弧动作要迅速，动作稍有迟缓，可能造成熔孔过大，背面熔池下塌，甚至烧穿；二是击穿的位置要准确，这样背面焊道才均匀、密实、一致；三是在电弧击穿根部时，背面要穿过1/3的电弧，穿过电弧过长，说明熔孔过大，导致熔池下塌或烧穿，透过电弧过短，说明熔孔过小，容易产生未焊透。

4. 填充层焊接

填充层焊接前，先将前一道焊缝的熔渣、飞溅物清除干净，将打底层焊缝接头的焊瘤打磨平整，然后进行填充焊。填充层焊接时的焊条角度应比打底焊时稍大些。

焊接填充层应选用大直径焊条、短弧、直线形或者小锯齿形运条，填充层第二层应低于母材上表面约 0.5~1.5mm，最好略呈凹形，要注意不能熔化坡口两侧的坡口边，以便于表面层焊接时能够看清坡口，为表面层的焊接打好基础。

5. 盖面层焊接

盖面层焊接时的焊条倾角应比填充层再大一点，运条方法及接头方法与填充层相同。盖面层焊接运条速度要均匀，同时注意观察坡口两侧的熔化情况，以得到优质的盖面焊缝。

焊接时必须注意保证熔池边沿不得超过焊件表面坡口棱边 2mm，否则焊缝超宽。

三、质量评定

1）焊缝要无裂纹、未熔合、烧穿，焊缝余高不低于母材表面。
2）夹渣、气孔应≤1.5mm。
3）焊缝宽度应≤24mm，焊缝宽度差、余高、背面余高、余高差应≤3mm。
4）咬边深度应≤0.5mm，熔合不良≤1.5mm，背面凹坑≤2mm。
5）错边量应≤1.2mm，角变形<3°。

课题五　管子水平转动焊

水平转动焊是在立焊与平焊之间的焊接位置。管子处于转动状态，管壁较薄，所以焊接时与中厚板平焊、立焊相比，增加了难度，但却是管状对接焊缝难度最小的焊接位置。

【实训任务】

1. 掌握管子水平转动焊的装配与定位焊的要求。
2. 熟悉管子水平转动焊的操作手法。
3. 掌握管子水平转动焊打底焊与盖面焊的操作要点。

【技能训练】

一、设备及材料

1. 设备

焊接设备为 BX1—330 型或 ZXG—300 焊机。

2. 焊件

焊件有管子，每组 1 根，规格为 $\phi60mm \times 200mm \times 6mm$，无坡口；每组 2 根，规格为 $\phi60mm \times 100mm \times 6mm$，V 形坡口，无钝边。

3. 焊接材料

焊接材料是 E4303 焊条，直径为 2.5mm。

二、实训步骤及操作要点

1. 操作前的准备

1）用砂纸或角向磨光机将管子内外壁坡口两侧 20mm 范围内的油污、铁锈等清除干净，并使之露出金属光泽。

2) 装配定位焊时采用的焊条与正式焊接时相同。定位焊缝不得有任何缺陷，定位焊缝长度≤10mm，定位焊缝两端应打磨成缓坡形。定位焊缝可采用1条或2条。装配时要注意两管同心，防止错边。转动焊接时，可用专用转胎，也可由人手转动。管子水平转动焊的装配尺寸见表3-8。

表3-8　管子水平转动焊的装配尺寸

根部间隙/mm	钝边/mm	错 边 量
2.5~3.2	0.5~1	≤10%δ

注：δ为管壁厚度。

2. 不开坡口管子水平转动焊

管子水平转动焊开始练习时，可先在一根管子上（不对接，不开坡口）练习焊接手法。焊接时，管子可由人手转动，也可用专用胎具，焊条只作相对移动，焊接位置分为立焊位置和立焊与平焊之间的位置。焊条角度如图3-17所示。焊接电流为80~90A。运条方法采用月牙形或锯齿形摆动，横向摆动要小，运条到焊道两侧时要稍作停留，以保证焊道与母材熔合良好，防止咬边。下面主要介绍开坡口管子水平转动焊。

3. 开坡口管子水平转动焊

（1）焊接层次及焊接参数　焊接层次为二层二道，如图3-18所示，焊接参数见表3-9。

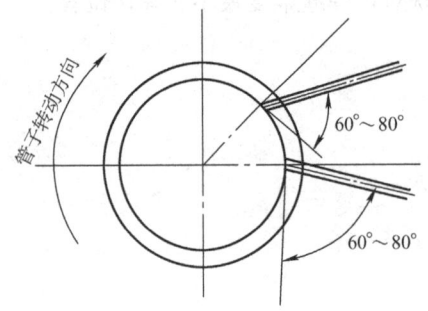

图3-17　管子水平转动焊焊条角度

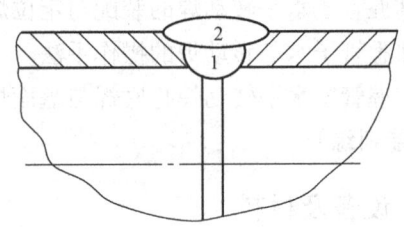

图3-18　管子水平转动焊的焊接层次及焊道

表3-9　管子水平转动焊的焊接参数

焊　层	焊条直径/mm	焊接电流/A
打底层	2.5	70~80
盖面焊	2.5	65~75
	3.2	105~110

（2）打底层的焊接　打底层采用断弧焊法操作。在立焊位置焊接可保证根部很好地熔合及焊透，熔池金属与熔渣容易分离，尤其是根部间隙小时应采用此位置。在立焊与平焊之间位置焊接除俱备上述立焊位置的优点外，还具有平焊位置的优点，可采用较大的焊接电流。定位焊缝及焊接位置如图3-19所示，焊条角度如图3-17，焊接参数见表3-9。

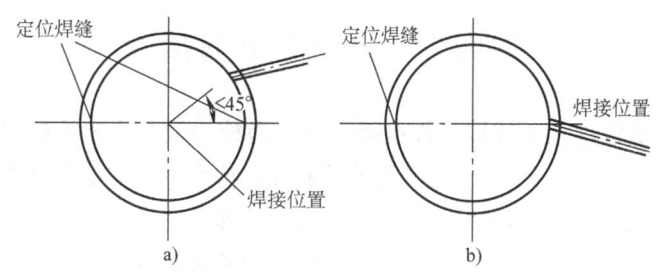

图 3-19 管子水平转动焊定位焊缝及焊接位置

焊接时,首先在起焊点位置(起焊点位置与焊接位置重合)引弧,然后将电弧对准坡口根部中心,向背面尽量顶送焊条并稍作停顿,当听到"噗"的一声后,说明电弧已击穿坡口根部,形成第一个熔池立即灭弧。通过护目玻璃看到熔池由红变暗后,立即在原熔池 a 点再次引弧,然后将焊条对准连接第一个熔池的坡口根部中心 b 点,向背面顶送,并稍作停顿,当听到击穿坡口根部的"噗"声后,说明熔孔、熔池已经形成,立即在熔池的边缘 c 点灭弧。如此 a—b—c 反复运条焊接,如图 3-20 所示。焊接过程中,应注意不要拉长弧,坚持短弧焊接。

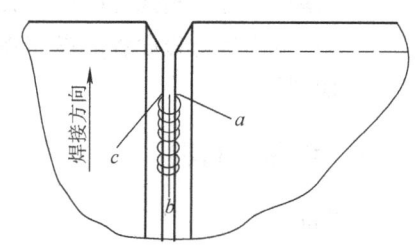

图 3-20 管子水平转动焊断弧焊运条方法

停弧前,应将焊条向焊接反方向、沿着坡口斜拉约 10mm 电弧,或沿着熔池向后稍快点焊 2～3 下,然后灭弧,以防止突然熄弧产生弧坑裂纹、缩孔等缺陷。

接头方法:在更换焊条进行中间接头时,可采用热接法或冷接法。热接法是待熔池没有完全冷却时,迅速更换焊条,立即在原收弧处后方约 5mm 处引弧,并向前运条,当电弧到达原熔池与坡口根部的连接处时,向背面顶送焊条,待听到击穿坡口根部的"噗"声后,即转入正常焊接。冷接法是在焊接前,先将收弧处焊道打磨成缓坡形,然后再按照热接法的引弧、击穿、收弧操作方法焊接。

(3)盖面层的焊接 焊盖面层时的焊条角度与打底层相同,焊接参数见表 3-9。焊接前应将焊道清理干净,将焊道局部凸出处打磨平整,然后仍在打底层焊接位置施焊。运条方法采用锯齿形摆动,横向摆动要小,运条到坡口两侧时要稍作停留,以保证焊道边缘熔合良好,防止咬边。焊接过程中应注意焊接速度不宜过快,以保证焊道层间熔合良好,还要注意短弧焊接。

三、质量评定

1)焊缝应无裂纹、未熔合、烧穿等缺陷,焊缝余高不低于母材表面。
2)夹渣、气孔应≤3mm。
3)焊缝宽度应≤14mm,焊缝宽度差、余高≤3mm,余高差≤2mm。
4)咬边深度应≤0.5mm,背面无凹坑。
5)通球试验:内径 85% 的球通过。

课题六 开坡口立对接焊

12mm厚板V形坡口立对接焊是焊接操作鉴定考核中最常出现的题目。立焊时液态金属在重力作用下下坠，容易产生焊瘤，焊缝成形困难。特别是打底层焊接时，由于熔渣的熔点低、流动性强、熔池金属和熔渣易分离，会造成熔池部分脱离熔渣的保护，或因操作或运条角度不当，容易产生气孔。因此立焊时，应控制好焊条角度并采用短弧焊接。本课题根据职业技能鉴定要求，介绍其操作要点。

【实训任务】

1. 掌握焊件的装配和定位焊的操作要点。
2. 掌握连弧焊与断弧焊两种打底焊的操作方法。
3. 掌握填充焊与盖面焊的操作要点。

【技能训练】

一、设备及材料

1. 设备

焊接设备为BX1—330型或ZXG—300型焊机。

2. 焊件

焊件为低碳钢板，每组两块，规格为300mm×100mm×12mm，V形坡口，无钝边。

3. 焊接材料

焊接材料是E4303焊条，直径为3.2mm和4mm两种。

二、实训步骤及操作要点

1. 操作前的准备

1）用角向磨光机清除焊件正反表面坡口两侧20mm范围内及坡口处的油污、铁锈，直至露出金属光泽。

2）用锉刀或角向磨光机加工出钝边，并检查两焊件的钝边高度是否一致，配合是否严密，不合适时应加以修整。

3）装配定位焊尺寸见表3-10。

表3-10 开坡口立对接焊的装配定位焊尺寸

操作方法	根部间隙/mm		钝边/mm	反变形角度/(°)	错边量/mm
	始焊端	终焊端			
断弧焊	3.2	4	1~2	4~5	≤1
连弧焊	2	3	0~1	3	

2. 焊道层次及焊接参数

焊道层次为三层三道或四层四道，单面焊。焊接参数见表3-11。

表 3-11 开坡口立对接焊的焊接参数

焊层	焊条直径/mm	焊接电流/A		焊条倾角/(°)	焊条夹角/(°)
打底层	3.2	断弧焊	90~100	100~110	90
		连弧焊	80~100	70~80	
填充层	3.2	100~110		70~85	
	4	150~170			
盖面层	3.2	100~110		70~85	
	4	140~150			

3. 焊接位置

焊件固定在垂直面内,间隙垂直于地面,间隙小的一端在下面。

4. 打底层的焊接

焊接打底层可采用连弧焊法和断弧焊法。

(1) 连弧焊法 开始焊接时,在焊件下端定位焊缝上面约 10mm 处引燃电弧,并迅速向下拉到定位焊缝上,预热后,开始摆动并向上运动,到定位焊缝上端时,稍加大焊条倾角,对准坡口根部中心,向前送焊条并压低电弧,当听到击穿声形成熔孔后,作锯齿形或月牙形摆动,连续向上焊接。焊接时,电弧要在两侧的坡口面上稍作停留,以保证焊缝与母材熔合良好。

打底层焊接时为得到良好的背面成形和优质焊缝,焊接电弧应控制短些,运条速度要均匀,向上运条时的间距不宜过大,过大时背面焊缝易产生咬边,应使焊接电弧对着坡口间隙,电弧要覆盖在熔池上,形成熔孔。

立焊熔池表面呈水平的椭圆形,如图 3-21 所示。此时焊条应有一半电弧在焊件间隙后面燃烧,以保证背面熔合良好。

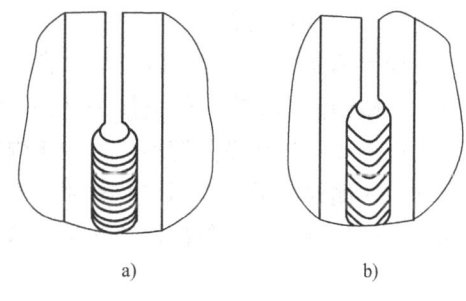

图 3-21 立焊时熔池的形状
a) 温度正常 b) 温度过高

焊接过程中电弧尽可能地短些,使焊条药皮熔化时产生的气体和熔渣能可靠地保护熔池,防止产生气孔。每当焊完一根焊条收弧时,应将电弧向左或右下方回拉约 10mm 左右,并将电弧迅速拉长直至熄灭,这样可避免弧坑处出现缩孔,并使冷却后的熔池形成一个缓坡,有利于接头。

(2) 断弧焊法 断弧焊法采用一点击穿法焊接。在焊件底端的定位焊缝始端开始引弧,然后稍作停顿,预热,并以小锯齿形短弧向上运条。当电弧到达定位焊缝终端时,立即向焊件背面顶送焊条,击穿定位焊缝与坡口根部的连接处,建立第一个熔池,然后迅速灭弧。在第一个熔池还未完全冷却凝固时,立即加大焊条倾角到 100°~110°之间。在第一个熔池位置立即引弧,并对准坡口根部中心,向背面压送焊条,当听到击穿坡口根部的"噗"声后,将焊条向斜上方迅速断弧,然后重复引燃、击穿、灭弧的正常运条。电弧引燃、灭弧频率 50~60 次/min。击穿坡口根部时,背面应透过 1/2 的电弧。焊接过程中,保持一定的熔孔尺寸和合适的熔池温度是保证焊道质量的关键,以坡口根部两侧各熔化1~2mm为宜,比平焊位置稍大些。熔池温度以熔池形状扁平为宜。

在整个焊接过程中,一定要注意调整熔孔大小和观察熔池状态的变化。当熔孔尺寸变大,熔池温度增高时,要立即减少电弧燃烧时间,增加灭弧时间;反之,当熔孔尺寸变小,熔池温度变低时,要增加燃弧时间,减少灭弧时间。此外,在焊接过程中,应始终注意短弧焊,否则易产生气孔和熔池金属及熔渣下淌的缺陷。

接头方法:在更换焊条进行中间接头时,可采用热接法或冷接法。

采用热接法时,更换焊条要迅速,在前一根焊条的熔池还没有完全冷却,呈红热状态时,在熔池上方约10mm的一侧坡口面上引弧,焊条倾角比正常焊接时稍大。电弧引燃后立即拉回到原来的弧坑上进行预热,然后稍作横向摆动向上焊接并逐渐压低电弧,待填满弧坑电弧移至熔孔处时,将焊条向焊件背面压送,并稍停留,当听到击穿声形成新熔孔时,再进行横向摆动向上正常焊接,同时将焊条恢复到正常焊接时的角度。采用热接法的接头,焊缝较平整,可避免接头脱节和未接上等缺陷,但技术难度大。

采用冷接法焊接前,先将收弧处下方焊道上的焊渣清除,在弧坑下方10mm处引弧,锯齿形运条至接头处,立即向焊件背面顶送焊条,击穿定位焊缝与坡口根部的连接处,然后进行焊接。

打底层焊接时除应避免产生各种缺陷外,正面焊缝表面还应平整,不能向外凸出。否则在焊接填充层时,易产生夹渣、焊瘤等缺陷。

5. 填充层的焊接

焊接填充层的关键是保证熔合良好,焊道表面要平整。填充层焊接前,应将打底层的熔渣和飞溅物清理干净,焊缝接头处的焊瘤等打磨平整,运条方法同打底层连弧焊法相同。采用锯齿形或月牙形横向摆动,但由于焊缝的增宽,焊条摆动的幅度应较打底层大一些。焊条从坡口一侧摆至另一侧时应稍快些,防止焊缝形成凸形。焊条摆动到坡口两侧时要稍作停顿,电弧控制短些,保证焊缝与母材熔合良好和避免夹渣。但焊接时须注意不能损坏坡口的棱边。

填充层焊完后的焊缝应比坡口边缘低约1~1.5mm,使焊缝平整或呈凹形,如图3-22所示,便于盖面层焊接时看清坡口边缘,为盖面层的焊接打好基础。

接头方法:迅速更换焊条,在弧坑的上方约10mm处引弧,然后把焊条拉至弧坑处,沿弧坑的形状将弧坑填满,即可正常焊接。在焊道中间接头时,切不可直接在接头处引弧进行焊接,这样易使焊条

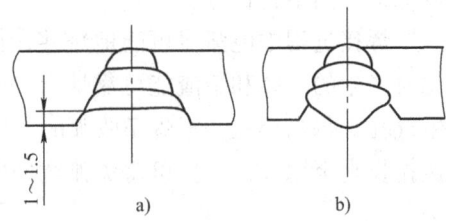

图3-22 填充焊焊道外观
a) 合格的焊道 b) 焊道凸出太高

末端的裸露焊芯在引弧时,因无药皮的保护而产生的密集气孔留在焊缝中,影响焊缝的质量。

6. 盖面层的焊接

焊接盖面层的关键是保证焊道表面成形尺寸和熔合情况,防止咬边和接头不好。

盖面层焊接前应将前一层的熔渣和飞溅物清除干净，焊接时的焊条角度、运条方法均同填充层，但焊条水平摆动幅度比填充层更宽。焊接时应注意运条速度要均匀，宽窄要一致，焊条摆动到坡口两侧时应将电弧进一步压低，并稍作停顿，避免咬边，从一侧摆至另一侧时应稍微快些，防止产生焊瘤。

接头方法：处理好盖面焊缝的中间接头是焊好盖面焊缝的重要一环。如果接头位置偏下，则其接头部位焊肉过高，若接头位置偏上，则造成焊道脱节。其接头方法与填充焊相同。

三、质量评定

1）焊缝应无裂纹、未熔合、烧穿等缺陷，焊缝余高不低于母材表面。
2）夹渣、气孔应≤3mm。
3）焊缝宽度应≤24mm，焊缝宽度差、背面余高、余高差≤3mm，余高≤4mm。
4）咬边深度应≤0.5mm，熔合不良≤1.5mm，背面凹坑≤2mm。
5）错边量应≤1.2mm，角变形<3°。

课题七　管板垂直俯位焊

管板接头是锅炉压力容器结构的基本形式之一。本课题讲述管板垂直俯位焊管板接头的焊接技术。根据接头形式不同，可分为插入式管板和骑座式管板两类，如图3-23所示。

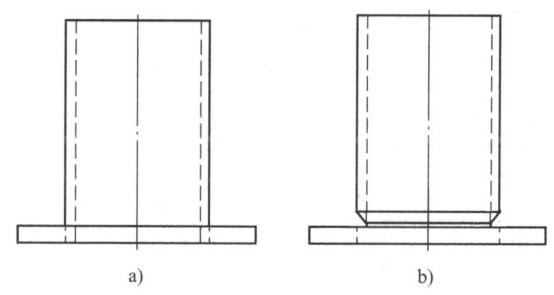

图3-23　管板垂直俯位焊
a）插入式管板　b）骑座式管板

【实训任务】
1. 掌握管板垂直俯位焊时焊条角度变化的规律。
2. 掌握插入式管板垂直俯位焊的操作技术。
3. 掌握骑座式管板垂直俯位焊打底层的连弧焊与断弧焊的操作技术。

【技能训练】

一、设备及材料

1. 设备
焊接设备为BX1—330型或ZXG—300型焊机。

2. 焊件

焊件每组 1 套：管 1 根，规格为 φ60mm×112mm×5mm，无坡口；板 1 块，规格为 100mm×100mm×12mm，中间加工 φ60 mm 的孔；每组 1 套：管 1 根，规格为 φ60mm×100mm×5mm，50°V 形坡口；板 1 块，规格为 100mm×100mm×12mm，中间加工 φ50mm 的孔。

3. 焊接材料

焊接材料是 E4303 焊条，直径为 2.5mm、3.2mm 和 4mm 三种。

二、实训步骤及操作要点

技能训练内容（一） 插入式管板垂直俯位焊

1. 操作前的准备

1）用砂纸或角向磨光机将管子内外壁坡口两侧、板孔焊接面外侧 20mm 范围内的油污、铁锈等清除干净，并使之露出金属光泽。

2）装配定位焊时采用的焊条与正式焊接时相同。定位焊缝不得有任何缺陷，定位焊缝长度≤10mm，采用两点定位，间隔为 120°，如图 3-24 所示。定位焊缝两端应打磨成缓坡形，装配时注意管板要同心，防止错边。

2. 焊接层次及焊接参数

焊接层次为二层二道，如图 3-25 所示。焊接参数见表 3-12。

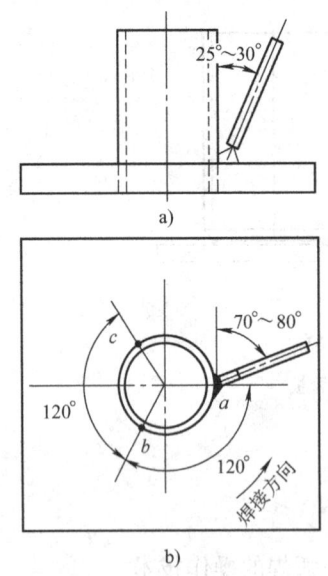

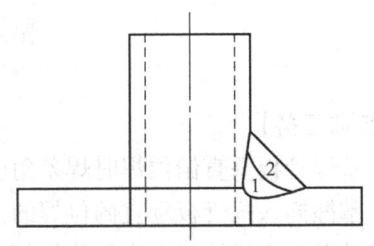

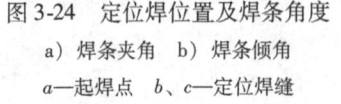

图 3-24　定位焊位置及焊条角度
　　a）焊条夹角　b）焊条倾角
　　a—起焊点　b、c—定位焊缝

图 3-25　焊道层次

表 3-12　插入式管板垂直俯位焊的焊接参数

焊　层	焊条直径/mm	焊接电流/A
打底层	2.5	80~90
	3.2	120~130
盖面层	3.2	110~120
	4	140~160

3. 打底层的焊接

焊接打底层时，焊条与管子夹角和倾角如图 3-26 所示，以保证把较多热量集中在较厚的底板上。如果定位焊焊缝为两个，则起焊点与两定位焊缝的距离各为 120°。打底层的焊接参数见表 3-12。首先在起焊点开始引弧，采用短弧焊接，直线形运条，操作要点与平角焊基本相同。只是焊条作圆周移动，因此需不断地转动手臂和手腕，以调整焊条角度，从而防止管子咬边和焊脚不对称。运条要稳，这是焊接圆周焊道的基本功之一。

4. 盖面层的焊接

焊接盖面层的参数见表 3-12，焊条角度与焊打底层时基本相同。当采用 φ3.2mm 焊条时，以小斜锯齿形短弧运条；当采用 φ4mm 焊条时，以直线短弧运条。当电弧到达管外壁时，适当增加焊条夹角，并稍作停留，以保证焊脚尺寸要求，防止咬边。当电弧运行到中间位置时，速度稍快些，以防止凸度超标。

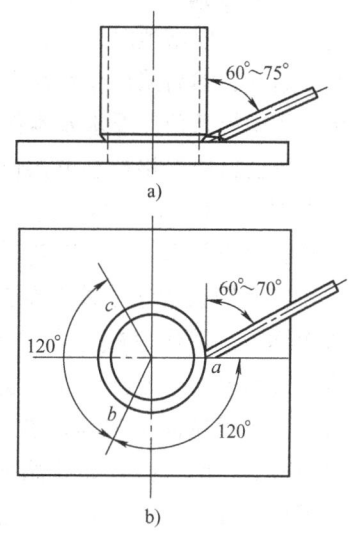

图 3-26　打底焊时的焊条角度
a) 焊条夹角　b) 焊条倾角
a—起焊点　b、c—定位焊缝

技能训练内容（二）　骑座式管板垂直俯位焊

管板角接由于焊接空间受工件形式的限制，接头没有对接接头大，管子与孔板厚度的差别较大，造成由于散热不同，熔化情况也不同。焊接时除了要保证焊透和双面成形外，还要保证焊脚高度达到规定的尺寸，所以它的难度相对要大。

1. 操作前的准备

骑座式管板垂直俯位焊准备工作基本与插入式管板垂直俯位焊相同，只是焊件的装配尺寸不同。其装配尺寸见表 3-13。

表 3-13　骑座式管板垂直俯位焊的装配尺寸　　　（单位：mm）

根部间隙	钝　边	错边量
2.5~3.2	0~1	≤0.5

2. 焊接层次及焊接参数

焊接层次为二层三道。焊接参数见表 3-14。

表 3-14 骑座式管板垂直俯位焊的焊接参数

焊 接 层 次	焊条直径/mm	焊接电流/A
打底焊	2.5	70~85
盖面焊	3.2	100~130

3. 打底层的焊接

焊接打底层应保证根部焊透,防止焊穿和产生焊瘤。打底焊道可采用连弧焊法或断弧焊法焊接。

(1) 连弧焊法　在定位焊点相对称的位置起焊,并在坡口内的孔板上引弧,进行预热,当孔板上形成熔池时,向管子一侧移动,待与孔板熔池相连后,压低电弧使管子坡口击穿并形成熔孔,然后采用小锯齿形或直线形运条法进行正常焊接,焊条角度如图 3-26 所示。焊接过程中焊条角度要求基本保持不变,运条速度要均匀平稳,电弧在坡口根部与孔板边缘应稍作停留,应严格控制电弧长度(保持短弧),使电弧的 1/3 在熔池前,用来击穿和熔化坡口根部,2/3 覆盖在熔池上,用来保护熔池,防止产生气孔。并要注意熔池温度,保持熔池形状和大小基本一致,以免产生未焊透、内凹和焊瘤等缺陷。

(2) 断弧焊法　首先在起焊点引弧,然后向坡口根部压送焊条,稍作停顿,当听到击穿坡口根部的"噗"声后,说明第一熔池已形成,立即灭弧。然后将电弧在熔池后端引燃后拉向熔池前端坡口中心处,穿透坡口根部后,向底板处拉回灭弧,如此循环焊接操作,如图 3-27 所示。在焊接过程中,电弧应以熔化板侧坡口边缘为主,管侧坡口边缘熔化较少些,以防止背面焊道下坠,并使 2/3 的电弧覆盖熔池,1/3 的电弧熔化坡口根部。

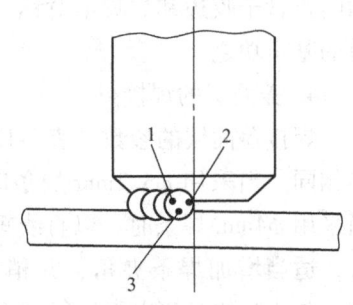

图 3-27 断弧焊操作方法
1—熔池后端　2—坡口中心　3—底板

停弧与接头操作:灭弧时不能在熔池处断弧,应在焊接反方向 3~5mm 处,即熔池的边缘,迅速地连续点弧 2~3 下,使焊条端滴下 2~3 滴熔化金属,然后再将电弧压低,移到坡口灭弧。目的是增加熔池温度,使熔池冷却缓慢,有充足的熔化金属,可防止冷缩孔的产生;造成缓坡形弧坑,有利于接头平滑。灭弧后,迅速更换焊条,在原熔池前 3~5mm 处立即引弧,迅速将电弧移到原弧坑与坡口根部交界处,压低电弧,停顿约 2~3s,听到击穿坡口根部的"噗"声后,立即灭弧,转入正常焊接。上述接头方法为热接法。如果因某种原因不能采用热接法时,待停弧处熔池冷却后,应修磨焊道形成缓坡形,再按上述接头方法接头,即采用冷接法。最后头尾相接处的接头是很重要的,一般始焊处最易产生焊接缺陷,焊前一定要将接头处打磨成 3~5mm 的缓坡形再接头。

4. 盖面层的焊接

焊接盖面层必须保证管子不咬边,焊脚对称。盖面层焊条角度如图 3-28 所示。

焊接一般采用两条焊道。焊接第二条焊道时,焊条

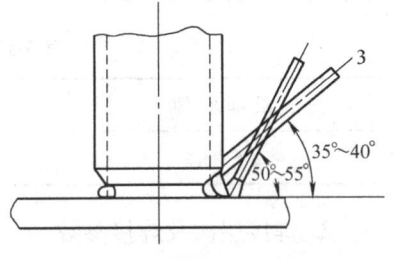

图 3-28 盖面层焊条角度

与底板夹角为35°~40°，采用直线形运条，并注意焊道和底板的表面熔合良好，防止产生咬边。在焊接第三条焊道时，焊条与底板夹角为50°~55°，并使其覆盖第二条焊道表面1/2~1/3。采用直线形运条方法，应注意焊道与管壁表面熔合良好，避免在两焊道间形成沟槽和焊缝上凸。

三、质量评定

1）焊缝应无裂纹、未熔合、焊瘤等缺陷。
2）夹渣、气孔应≤3mm。
3）焊脚尺寸应介于10~13mm之间，焊脚差小于等于3mm。
4）表面凹凸度应≤1.5mm，咬边深度≤0.5mm，背面凹坑深度≤1mm，未焊透深度≤0.75mm。

课题八 立 角 焊

立角焊是T形接头焊件处于立焊位置时的焊接操作。立角焊与立对接焊的操作有许多相似之处，如用小直径焊条和短弧焊接，操作姿势和握焊钳的方法也相似。

【实训任务】
1. 掌握立角焊的焊接参数。
2. 掌握立角焊的运条方法。
3. 掌握两板厚度不同时焊条夹角的调整方法。

【技能训练】

一、设备及材料

1. 设备
焊接设备为BX1—330型焊机。
2. 焊件
焊件为低碳钢板，厚度有6mm（用于单层焊）和10mm（用于多层焊）两种，规格为300mm×50mm，每组各两块。
3. 焊接材料
焊接材料是E4303型焊条，直径为3.2mm和4mm两种。

二、实训步骤及操作要领

1. 操作前的准备
1）用砂纸或角向磨光机清除焊件表面的铁锈等污物，直至露出金属光泽。
2）装配及定位焊要求与平角焊相同。
2. 焊接层次与焊道数
焊脚尺寸决定焊接层次与焊道数。一般当焊脚尺寸在6mm以下时，采用单层焊，焊脚尺寸大于6mm时，采用多层焊，装配时可考虑留有1~2mm间隙。

3. 焊接参数

在与立对接焊相同的条件下，焊接电流可稍大些，以保证焊透。焊接参数见表3-15。

表3-15 立角焊的焊接参数

焊层	焊条直径/mm	焊接电流/A
单层焊	3.2	100~120
多层焊盖面焊	3.2	110~120
	4	140~150

4. 焊条角度

为了使焊件能够均匀受热，保证熔深和提高效率，应注意焊条的夹角和倾角。当两焊件厚度相同时，焊条与两焊件的夹角应左右相等，如两焊件厚度不同，焊条的夹角随焊件厚度变化与平角焊时基本相同，而焊条倾角保持60°~70°，如图3-29所示。

5. 单层焊

单层焊时为了保证根部能焊透，防止未熔合，应采用三角形运条短弧焊，如图3-30所示，焊接时可采用连弧焊法，也可用断弧焊法。

立角焊的关键是如何控制熔池金属，焊条要按熔池金属的冷却情况有节奏的摆动。采用断弧焊时，若焊条的引弧位置不准确，会使焊波脱节或焊道过高，同样采用连弧焊时，若焊条向上摆动的幅度过大或过小，也会使焊波脱节或焊道过高，影响焊缝美观和焊接质量。

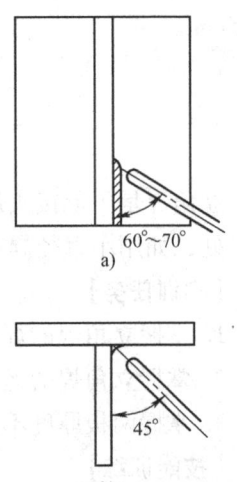

图3-29 立角焊的焊条角度
a) 焊条倾角 b) 焊条夹角

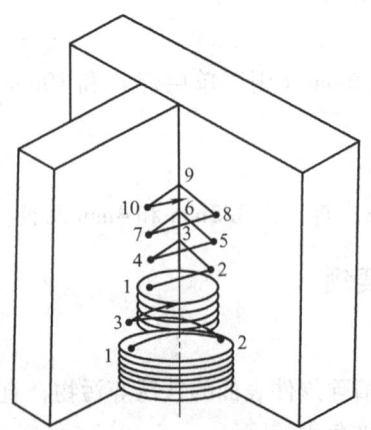

第一层1~10为三角形运条 第二层1~3为月牙形运条

图3-30 立角焊运条方法

6. 多层焊

多层焊时第一层焊接方法与单层焊相同，以后各层可采用月牙形或锯齿形等运条方法。为了避免出现咬边等缺陷，除选用合适的电流外，焊条在焊缝的两侧应稍停留片刻，使熔化金属能填满焊缝的两侧边缘部分。焊条摆动的宽度不大于所要求的焊脚尺寸，如要求焊出10mm 宽的焊脚时，焊条的摆动范围应在 8mm 以内。

如果焊件局部间隙过大，超过焊条直径时，可预先采取向下立焊的方法，使熔化金属把过大的间隙填满，但一定要注意不能使电流过大或过小，防止出现焊穿或夹渣。间隙填满后再进行正常焊接，这样可提高效率，并大大减少金属的飞溅和电弧偏吹。对间隙过大的薄焊件的焊接，采取这种方法，还有减小变形的效果。

三、质量评定

1）焊脚尺寸要符合要求，当焊件厚度相同时，焊脚分布应基本对称，焊脚差≤3mm。
2）焊缝表面要光滑，无气孔、夹渣、裂纹等缺陷。
3）焊缝应无明显咬边，咬边深度≤0.5mm，表面凹凸度≤1.5mm，接头处无脱节和堆高现象。
4）焊件上要无引弧痕迹。

复 习 题

1. 焊接定位焊缝有哪些要求？
2. 产生磁偏吹的原因有哪些？应采取哪些措施？
3. 薄板焊接应注意哪些问题？
4. 如何根据焊脚尺寸确定焊接层次？
5. 船形焊的优点是什么？
6. 简述冷接法和热接法的操作要点。
7. 断弧焊焊接打底层的要点是什么？
8. 立焊操作时有哪些困难？如何克服？

单元四　焊条电弧焊中级工培训内容

课题一　不开坡口横对接焊

横焊操作是焊件处于垂直而接口处于水平方位的一种焊接操作。

【实训任务】
1. 掌握装配及定位焊的技术要求。
2. 掌握不开坡口横对接焊的操作要点。
3. 掌握薄板焊接的操作要点。

【技能训练】

一、设备与材料

1. 设备

焊接设备为 BX1—330 型或 ZXG—300 型焊机。

2. 焊件

焊件每组两块，规格分别为 300mm×100mm×4mm（用于薄板焊接）和 300mm×100mm×5mm（用于不开坡口焊接），共两组。另备一块用于平板横焊练习，规格为 200mm×200mm×6mm。

3. 焊接材料

焊接材料是 E4303 焊条，直径为 3.2mm 和 4mm。

二、实训步骤及操作要点

1. 操作前的准备

用砂纸或角向磨光机清除焊件表面的铁锈等污物，直至露出金属光泽。

2. 横焊要求

横焊焊接时，熔池金属有下淌倾向，易使焊缝上边出现咬边，下边出现焊瘤和未熔合等缺陷。因此横焊都要选用合适的焊接参数，掌握正确的操作方法，采用较小的焊条直径，较小的焊接电流，较短的焊接电弧。

3. 平板横焊

开始焊接时可用平板练习，板厚度为 6mm，所用焊条直径为 3.2mm，焊接电流为 100A 左右，采用连弧焊，用直线形或斜圆圈形运条，速度要快。

焊接时焊条与下侧焊件夹角为 75°~80°，与焊缝倾角为 70°~80°，如图 4-1 所示。

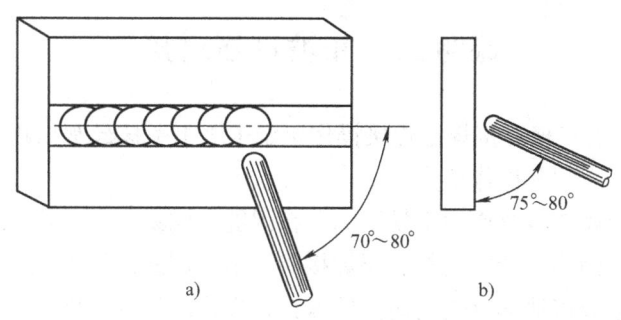

图 4-1 横焊时的焊条角度
a) 焊条倾角 b) 焊条夹角

4. 不开坡口横对接焊

(1) 装配及定位焊　装配及定位与不开坡口平对接焊相同。

(2) 焊接参数　焊接参数见表4-1。

表4-1　不开坡口横对接焊焊接参数

焊　道	焊条直径/mm	焊接电流/A
正面焊道	3.2	80~120
	4	140~160
背面焊道	3.2	90~120
	4	140~160

(3) 不开坡口的横对接焊操作　当焊件厚度小于5mm时，一般不开坡口，可从两面焊接。操作时左手或左臂可以有依托，右手或右臂的动作与平对接焊操作相似。焊接时宜用直径3.2mm的焊条，焊条角度如图4-1所示。选择焊接电流时可比平对接焊小10%~15%，见表4-1。否则会使熔化温度增高，金属处在液体状态时间长，容易下淌而形成焊瘤。操作时也要特别注意，如焊渣超前时，要用焊条前沿轻轻的拨掉，否则熔滴金属也会随之下淌。

当焊件较薄时，可作直线往复形运条，这样可借焊条向前移的机会，使熔池得到冷却，防止产生烧穿和下淌缺陷。

当焊件较厚时，可作短弧直线形或小斜圆圈形运条。斜圆圈的斜面度与焊缝中心约成45°角，以得到合适的熔深。但运条速度应稍快些，且要均匀，避免焊条熔滴金属过多地汇集在某一点上，而形成焊瘤和咬边。

三、质量评定

1) 焊缝表面要均匀，接头处不接偏、过高或脱节，焊波无脱节。
2) 焊缝的余高和熔宽应基本均匀，无过高、过低或过宽、过窄的现象。
3) 应无明显咬边，焊缝表面应无夹渣、气孔、未焊透等缺陷。
4) 焊缝应无烧穿和塌陷等缺陷。

课题二　开坡口横对接焊

12mm 厚板 V 形坡口横对接焊是焊接操作鉴定中级工考核最常出现的题目。本课题根据职业技能鉴定要求，介绍其操作要点。

横焊时，熔化金属在自重作用下易下淌，在焊缝上侧易产生咬边，下侧易产生下坠或焊瘤等缺陷，焊缝成形困难。特别是打底层焊接时，由于熔渣的熔点低、流动性强，熔池金属和熔渣易分离，会造成熔池部分脱离熔渣的保护，操作或运条角度不当，容易产生气孔。因此横焊时，要选用较小直径焊条，小的焊接电流，多层多道焊，并控制好焊条角度和采用短弧焊接。

【实训任务】
1. 掌握焊件的装配和定位焊的操作要点。
2. 掌握连弧焊与断弧焊两种打底层焊的操作方法。
3. 掌握填充焊与盖面焊的操作要点。

【技能训练】

一、设备及材料

1. 设备

焊接设备为 BX1—330 型或 ZXG—300 型焊机。

2. 焊件

焊件为低碳钢板，每组两块，规格为 300mm×100mm×12mm，V 形坡口，无钝边。

3. 焊接材料

焊接材料是 E4303 焊条，直径为 2.5mm 和 3.2mm 两种。

二、实训步骤及操作要点

1. 操作前的准备

1）用角向磨光机清除焊件正反表面及坡口两侧 20mm 范围内及坡口处的油污、铁锈等，直至露出金属光泽。

2）用锉刀或角向磨光机加工出钝边，并检查两焊件的钝边高度是否一致，配合是否严密，不合适时应加以修整。

3）焊件的装配定位焊尺寸见表 4-2。

表 4-2　开坡口横对接焊的装配定位焊尺寸

坡口角度/°	装配间隙/mm	钝边/mm	反变形角度/(°)	错边量/mm
60	始焊端 3.2	0~1	6~8	≤1.2
	终焊端 4.0			

2. 焊接层次及焊接参数

焊接层次为四层七道，单面焊，焊接参数见表 4-3。

表 4-3　开坡口横对接焊焊接参数

焊　层	焊条直径/mm	焊接电流/A
打底层	2.5	断弧焊 75~85
		连弧焊 70~80
填充层	3.2	130~150
盖面层	3.2	120~130

3. 焊接位置

焊件固定在垂直面上，焊缝在水平位置，间隙小的一端放在左侧。

4. 打底层的焊接

打底层横焊时的焊条角度如图 4-2 所示。

（1）连弧焊法　焊接时在始焊端的定位焊缝处引弧，稍作停顿预热，然后上下摆动向右焊接，待电弧到达定位焊缝的前沿时，将焊条向焊件背面压，稍作停顿，当听到"噗"的一声，说明电弧击穿坡口形成了熔孔，此时焊条可上下作锯齿形摆动，如图 4-3 所示。

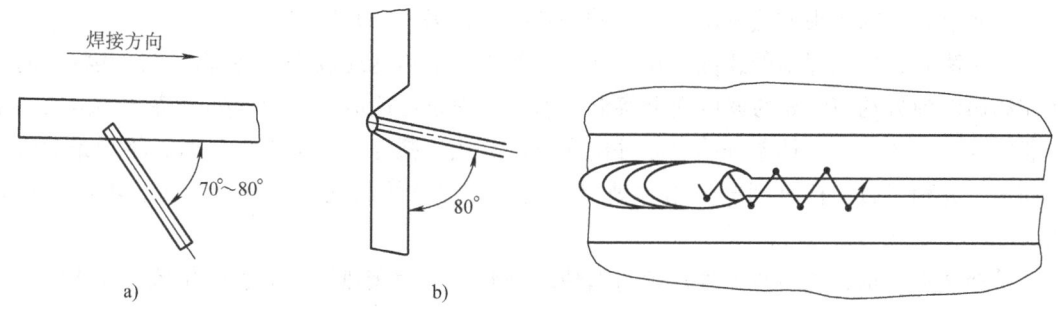

图 4-2　打底层横焊时的焊条角度
　　a）焊条倾角　b）焊条夹角

图 4-3　横对接打底焊连弧焊的运条方法

为保证打底层焊道获得良好的背面焊缝成形，采用短弧焊接，焊条摆动时向前移动的距离不宜过大，焊条在坡口两侧停留时应注意上坡口停留的时间要稍长，焊接电弧的 1/3 保持在熔池前，用来熔化和击穿坡口的根部；电弧的 2/3 覆盖在熔池上并保持熔池的形状和大小基本一致，还要控制熔孔的大小，使上、下坡口面熔化约 0.5~1mm，如图 4-4 所示。焊接时若下坡口面熔化太多，焊件背面焊道易出现下坠或产生焊瘤。

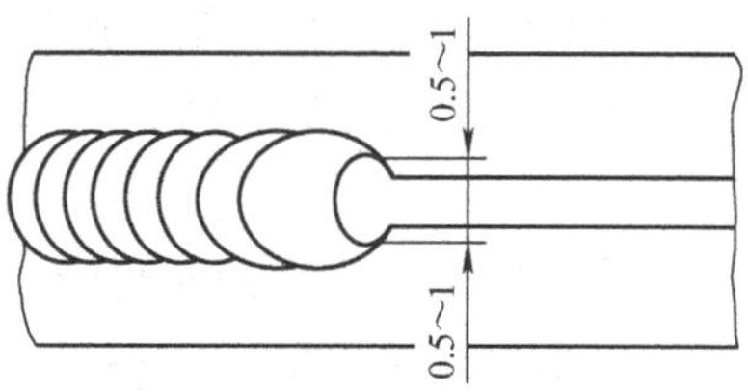

图 4-4　横对接焊时的熔孔

收弧方法：当焊条即将焊完，需要更换焊条收弧时，将焊条向焊接的反方向拉回 10mm 左右，并迅速抬起焊条，使电弧拉长，直至熄灭。这样可以把收弧缩孔消除或带到焊道表面，以便在下一根焊条焊接时将其熔化掉。

（2）断弧焊法　断弧焊的焊接参数见表 4-3，焊条角度与连弧焊操作方法相同。首先在焊件左端定位焊缝始端引弧，让电弧稍作停顿，然后以小锯齿形摆动向前运条，当电弧到达定位焊缝终端时，对准坡口根部中心，将焊条向背面压，并稍作停顿，当听到"噗"的一声，说明电弧击穿坡口根部形成熔孔，即形成第一个熔池后立即灭弧，然后按图 4-5 所示方法运条。

当第一个熔池还处于暗红状态，立即从熔池中心 a 点引弧，然后将电弧移向与第一个熔池相连接的两坡口根部中心 b 点，并向背面顶送焊条，当听到击穿坡口根部的"噗"声后，将电弧移到 c 点灭弧，c 点处于 a、b 点下方，原下坡口边缘位置的熔池边缘。在 c 点灭弧，可增加熔池温度，减缓熔池冷却速度，防止电弧在 a 点燃烧时，熔池金属下坠到下坡口，引起熔合不良，还可以防止产生缩孔、气孔等缺陷。如此 a—b—c 反复运条进行焊接。焊接过程中，始终注意焊条总是顶着熔池，并保持一致的焊条角度，防止熔池金属超越电弧而引起夹渣等缺陷。

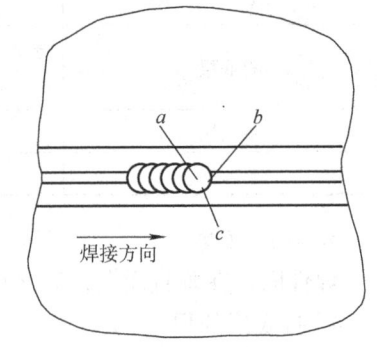

图 4-5　横对接打底焊断弧焊的运条方法

停弧及接头的方法与连弧焊的方法相同。

打底层焊接的接头方法分两种：一种是热接法，另一种是冷接法。

热接法时，更换焊条的速度要快，在前一根焊条的熔池还没完全冷却，呈红热状态时立即在离熔池前方约 10mm 的坡口面上将电弧引燃，焊条迅速退至原熔池处，待新熔池的后沿和老熔池后沿重合时，焊条开始摆动并向右移动，当电弧移至原弧坑前沿时，将焊条向焊件背面压，并稍停顿，待听到电弧击穿坡口声时，将焊条抬起到正常焊接位置，继续向前焊接。

冷接法焊接前，先将收弧处焊道打磨成缓坡状，然后按热接法的引弧位置、操作方法进行焊接。

5. 填充层的焊接

焊接填充层时，必须保证熔合良好，防止产生未熔合及夹渣。

填充层焊接前，先将打底层的熔渣及飞溅物清除干净，焊缝接头过高的部分打磨平整，然后进行填充层焊接。第一层填充焊道为单层单道，焊条的角度与填充层相同，但摆幅稍大。焊第一层填充焊道时，必须保证打底焊道表面及上下坡口面处熔合良好，焊道表面平整。

第二层填充焊有两条焊道，焊条角度如图 4-6 所示。

焊第二层下面的填充焊道时，电弧对准第一层填充焊道的下沿，并稍摆动，使熔池能压住第二层焊道的 1/2～2/3。焊第二层上面的填充焊道时，电弧对准第一层填充焊道的上沿稍摆动，使熔池正好填满空余位置，使表面平整。

填充层焊缝焊完后，其表面应距下坡口表面约 2mm，距坡口约 0.5mm，不要破坏坡口两侧棱边，为盖面层焊接打好基础。

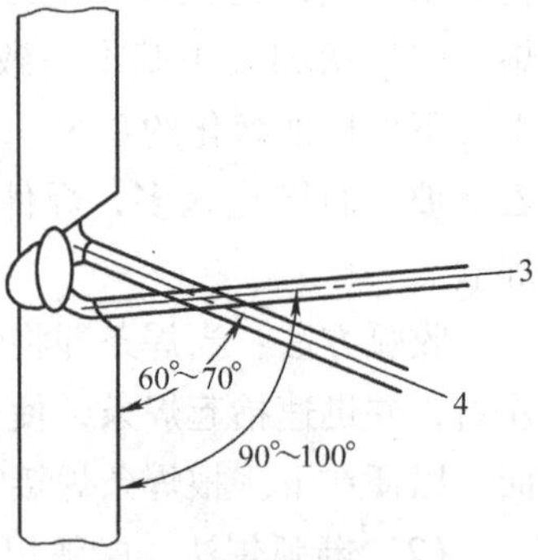

图 4-6　横对接第二层填充焊时的焊条角度

6. 盖面层的焊接

焊接盖面层时焊条与焊件的角度如图4-7所示。焊条与焊接方向的角度与打底焊相同，盖面层焊缝共三道，依次从下往上焊接。

焊盖面层时，焊条摆幅和焊接速度要均匀，采用较短的电弧。每条盖面焊道要压住前一条填充焊道的2/3。焊接最下面的盖面焊道时，要注意观察焊件坡口下边的熔化情况，保持坡口边缘均匀熔化，并避免产生咬边、未熔合等情况。焊中间的盖面焊道时，要控制电弧的位置，使熔池的下沿在上一条盖面焊道的1/2～2/3处。

上面的盖面焊道是接头的最后一条焊道，操作不当容易产生咬边，铁液下淌。焊接时应适当增大焊接速度或减小焊接电流，将铁液均匀地熔合在坡口的上边缘，适当的调整运条速度和焊条角度，避免铁液下淌，产生咬边，以得到整齐、美观的焊缝。

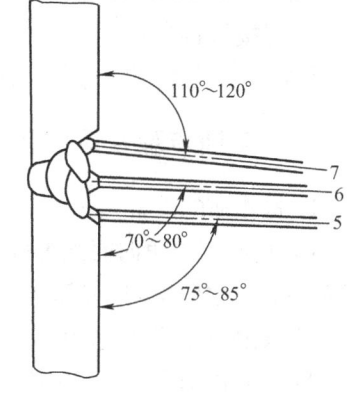

图4-7 横对接盖面焊时的焊条角度

三、质量评定

1）焊缝应无裂纹、未熔合、焊瘤和烧穿，焊缝余高不低于母材表面。
2）夹渣、气孔应≤1.5mm。
3）焊缝宽度应≤24mm，焊缝宽度差、背面余高、余高差≤3mm，余高≤4mm。
4）咬边深度应≤0.5mm，未焊透深度≤1.5mm，背面凹坑≤2mm。
5）错边量应≤1.2mm，角变形＜3°。

课题三　管子垂直固定焊

垂直固定管子对接，可分为大直径管子和小直径管子垂直固定焊。垂直固定管子对接位置焊类似平板横焊，区别在于它是手腕要随焊缝进行圆周变换、移动并且始终保持一致的焊条角度，所以与板横焊相比增加了难度，但相对水平固定焊来说还是比较容易掌握的。

【实训任务】
1. 掌握管子垂直固定焊的装配与定位焊的要求。
2. 掌握管子垂直固定焊焊接过程中焊条角度的变化情况。
3. 掌握管子垂直固定焊打底焊与盖面焊的操作要点。
【技能训练】

一、设备及材料

1. 设备

焊接设备为BX1—330型或ZXG—300型焊机。

2. 焊件

焊件为管子,每组1根,规格为 φ60mm×200mm×4mm,无坡口;每组2根,规格为 φ60mm×100mm×6mm 和 φ133mm×100mm×8mm,V形坡口,无钝边,两组。

3. 焊接材料

焊接材料是 E4303 焊条,直径为 2.5mm 和 3.2mm 两种。

二、实训步骤及操作要点

1. 操作前的准备

1)用砂纸或角向磨光机将管子内外壁两侧 20mm 范围内及坡口处的油污、铁锈等清除干净,并使之露出金属光泽。

2)装配定位焊时采用的焊条与正式焊接时相同。定位焊缝不得有任何缺陷,定位焊缝的数量一般以管径的大小来确定,小管(φ60mm)定位焊2处即可,定位焊缝长度≤15mm,大管(φ133mm)定位焊采用2处或3处,定位焊焊缝长度要长,一般为20mm左右。定位焊缝两端应打磨成缓坡形,定位焊不允许焊在仰焊位置处,定位焊位置如图4-8所示。装配定位焊尺寸要求见表4-4。

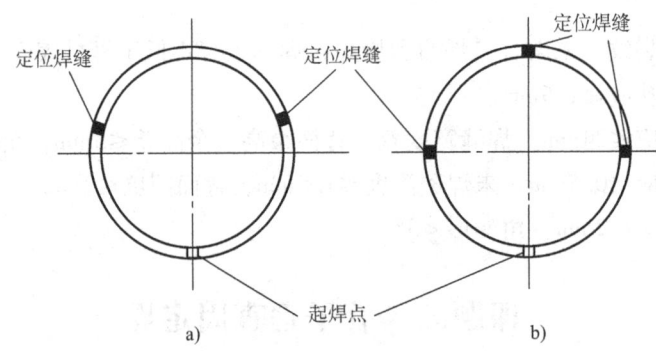

图 4-8 垂直固定管定位焊位置
a)两点定位焊 b)三点定位焊

表 4-4 垂直固定管焊接的装配定位焊尺寸要求

运条方法	根部间隙/mm		钝边/mm	错边量
断弧焊	前	3.2	1.0~1.5	≤10%δ
	后	4		
连弧焊	前	2.5	0	
	后	3.0		

2. 焊件位置

管子垂直固定,接口在水平面内,间隙小的一边正对操作者,一个定位焊缝在左侧。

3. 焊接层次及焊接参数

(1)焊道分布 小直径管采用二层三道,大直径管可采用三层六道或四层七道焊接,如图4-9所示。

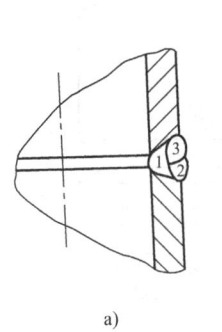 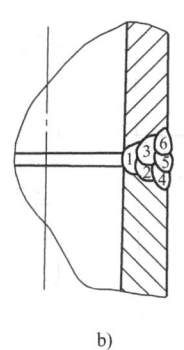 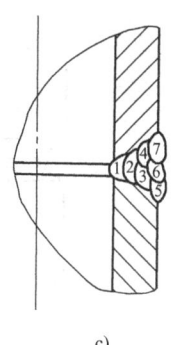

图 4-9 垂直固定管焊道分布

a) 二层三道　b) 三层六道　c) 四层七道

(2) 焊接参数见表 4-5。

表 4-5 垂直固定管焊接的焊接参数

焊　层		焊条直径/mm	焊接电流/A
打底层	断弧焊法	2.5	75~85
	连弧焊法	2.5	70~80
填充层		3.2	110~120
盖面层		2.5	75~85
		3.2	110~120

4. 打底层的焊接

垂直固定管打底焊有连弧焊和断弧焊两种方法。打底层焊条角度如图 4-10 所示。

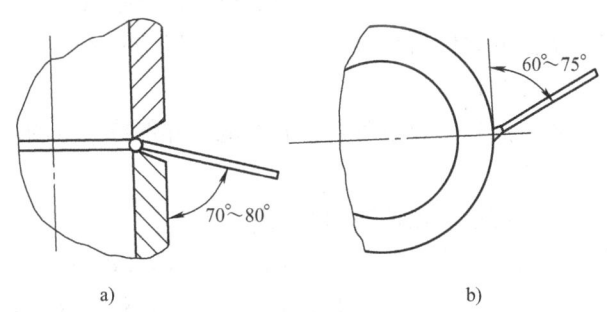

图 4-10 垂直固定管打底层焊条角度

a) 焊条夹角　b) 焊条倾角

(1) 连弧焊法　在管子的上坡口上引燃电弧，然后向管子的下坡口移动，待坡口两侧熔合后，焊条向坡口里压，同时稍作停顿，这时可以看到管子坡口根部已熔化并被击穿，形成熔孔。此时焊条上、下摆动，作锯齿形运条连续向右焊，如图 4-11a 所示。

打底层焊接时，为得到优质的焊缝和良好的背面焊缝成形，焊接时采用短弧，焊条摆动向前移动的间距不宜过大，焊至坡口两侧停留时，要注意在上坡口的停留时间比在下坡口停留的时间稍长。焊接电弧的 1/3 保持在熔池前，用来熔化和击穿坡口的根部，电弧的 2/3 覆

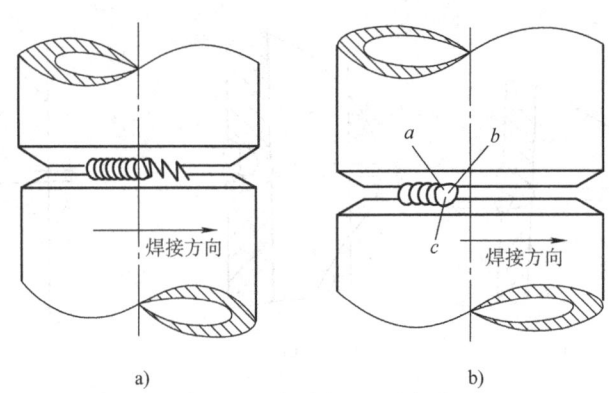

图 4-11 垂直固定管打底焊运条方法
a）连弧焊法 b）断弧焊法

盖在熔池上，并保持熔池的形状大小基本一致。

在焊接过程中，还要控制熔孔的大小，使上坡口、下坡口面熔化掉约 0.5~1.0mm。焊接时若发现出现较大的熔孔时，焊件的焊缝背面易产生下坠或焊瘤。当焊条即将焊完，需要更换焊条收弧时，要将焊条向焊接的反方向拉回约 10mm 左右，使电弧拉长，直至熄灭。这样可以把收弧缩孔消除或带到焊道表面，以便在下一根焊条进行焊接时将其熔化掉。

(2) 断弧焊法　首先在起焊位置上坡口引弧，然后向管子的下坡口移动，待坡口两侧熔合后，焊条向坡口里压，同时稍作停顿，这时可以看到管子坡口根部已被熔化并被击穿，形成熔孔，形成第一个熔池后立即灭弧。待熔池还处在暗红状态，立即从熔池中心 a 点引弧，然后将电弧移向与第一个熔池相连的两坡口根部中心 b 点，并向坡口背面顶送焊条，当听到击穿坡口根部的"噗"声后，将电弧移到 c 点灭弧。c 点处于 a、b 两点下方，原下坡口边缘位置的熔池边缘。在 c 点灭弧，可增加熔池温度，减缓熔池冷却速度，防止电弧在 a 点燃烧时，熔化金属下坠到下坡口引起熔合不良，还可以防止缩孔、气孔的产生。如此 a—b—c 反复运条焊接，如图 4-11b 所示。

在焊接过程中，应始终注意使焊条总是顶着熔池，并保持一致的焊条角度，防止熔池金属超越电弧而引起焊接缺陷。

打底层焊缝的接头方法可采用热接法和冷接法。

热接法要求更换焊条的速度要快。在熔池尚未冷下来之前（呈红热状态）时，立即在熔池后面约 10mm 处引燃电弧，焊条作上下摆动向前焊接，焊至收弧的前沿时，将焊条向坡口根部压送，并稍作停顿。然后将焊条渐渐抬起至正常焊接的位置，并向前焊接。

冷接法是先将收弧处焊道打磨成缓坡状，然后按热接法的引弧位置、操作方法进行焊接。

焊件的打底层即将焊完，需要进行接头封闭时，应事先将始焊处的焊缝端部打磨成缓坡形，然后再焊接，焊至缓坡处前端焊条向坡口里压，并稍作停顿，然后继续向前焊过缓坡约 10mm，待填满弧坑后即可熄弧。

5. 填充层的焊接

对于大直径管子来说，除打底焊和填充焊以外，中间层还需要进行焊接，层数由管壁厚度而定，中间这些焊道统称为填充层。填充层焊接前，应先将前一层的熔渣及飞溅物清理干净，并将打底层焊缝接头处打磨平整，再进行填充层焊接。三层六道的焊缝填充层为上、下两道焊缝进行焊接，焊接时由下向上。焊条与焊件的角度如图 4-12 所示，四层七道的焊缝第二层焊接时焊条角度与打底焊层相同。

下道填充层焊接时，应注意观察下坡口及封底层焊缝与管子的下坡口之间夹角处的熔化情况，焊上一道焊缝时，要注意封底层焊缝与管子上坡口之间夹角处的熔化情况。同时上道焊缝应覆盖住下道焊缝的 1/3 ~ 1/2，避免填充层焊缝表面出现凹槽或凸起。填充层焊完后，下坡口应留出约 2mm，上坡口应留出约 0.5mm，坡口两侧的边缘不要破坏，为盖面层焊接打好基础。

6. 盖面层的焊接

盖面层分三道，由下至上焊接，焊接前，应先将前一层的熔渣及飞溅物清理干净，并将填充层焊缝凸出处打磨平整再进行焊接，焊接时焊条与焊件的角度如图 4-13 所示。

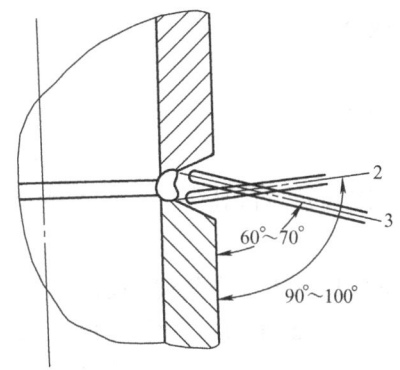

图 4-12　垂直固定管填充层的焊条夹角

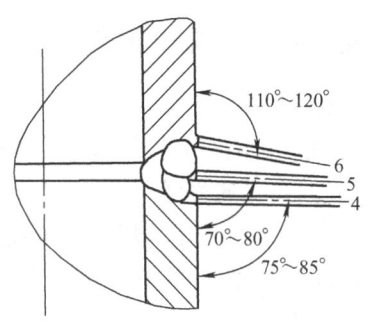

图 4-13　垂直固定管盖面焊的焊条角度

三、质量评定

1）焊缝应无裂纹、未熔合、烧穿，焊缝余高不低于母材表面。

2）夹渣、气孔应 ≤1.5mm。

3）焊缝宽度应等于坡口宽度加 2 ~ 4mm，焊缝宽度差、背面余高、余高差 ≤3mm。余高 ≤4mm

4）咬边深度应 ≤0.5mm，背面凹坑 ≤2mm。

5）错边量应 ≤10%δ。

课题四　管子水平固定焊

管子水平固定焊包括仰焊、立焊、平焊三种焊接位置，并要求单面焊双面成形，又是圆形焊缝，因此焊接过程有一定难度，对焊工操作水平要求很高。管子水平固定焊包括大直径管子固定焊接和小直径管子固定焊接两种。

【实训任务】

1. 掌握管子水平固定焊的装配与定位焊的要求。
2. 掌握管子水平固定焊焊接过程中焊条角度的变化情况。
3. 掌握管子水平固定焊打底焊与盖面焊的操作要点。

【技能训练】

一、设备及材料

1. 设备

焊接设备为 BX1—330 型或 ZXG—300 型焊机。

2. 焊件

焊件为管子，每组 1 根，规格为 $\phi 60mm \times 200mm \times 4mm$，无坡口；每组 2 根，规格分别为 $\phi 60mm \times 100mm \times 6mm$ 和 $\phi 133mm \times 100mm \times 8mm$，V 形坡口，无钝边，两组。

3. 焊接材料

焊接材料是 E4303 焊条，直径为 2.5mm 和 3.2mm 两种。

二、实训步骤及操作要点

1. 操作前的准备

1）用砂纸或角向磨光机将管子内外壁两侧 20mm 范围内及坡口处的油污、铁锈等清除干净，并使之露出金属光泽。

2）装配定位焊时采用的焊条与正式焊接时相同。定位焊缝不得有任何缺陷，定位焊缝的数量一般以管径的大小来确定，小管（$\phi 60mm$）定位焊 2 处即可，定位焊缝长度≤15mm；大管（$\phi 133mm$）定位焊采用 2 处或 3 处，定位焊焊缝长度要长，一般为 20mm 左右。定位焊缝两端应打磨成缓坡形，定位焊不允许焊在仰焊位置处，水平固定管定位焊、起焊位置及焊接顺序如图 4-14 所示。

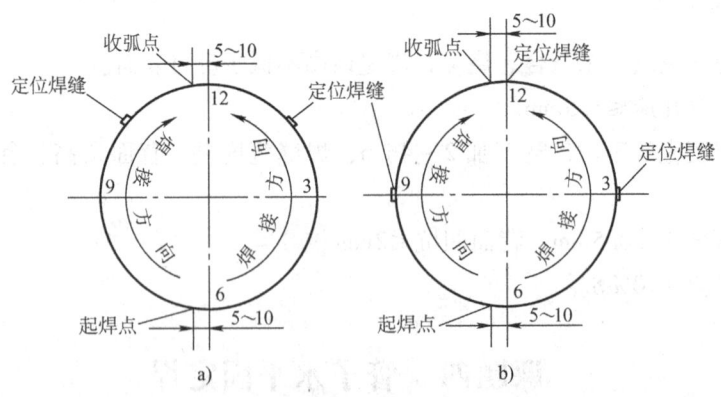

图 4-14 水平固定管定位焊、起焊位置及焊接顺序
a) 两点定位 b) 三点定位

装配时注意两管要同心，防止错边。焊件的装配定位焊尺寸见表 4-6。

表4-6 管子水平固定焊的装配定位焊尺寸

运条方法	根部间隙/mm		钝边/mm	错边量
断弧焊	6点	3.2	0.5~1	≤10%δ
	12点	4		
连弧焊	6点	2.5	0	
	12点	3.0		

注：δ为管壁厚度。

2. 焊接层次及焊接参数

φ60mm 小管焊接层次为二层二道，φ133mm 大管为三层三道，如图 4-15 所示。焊接参数见表 4-7。

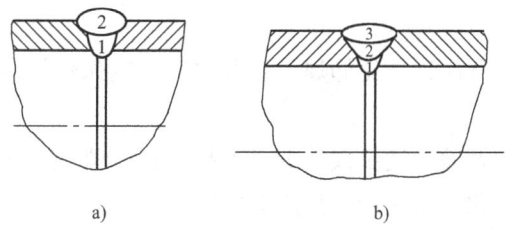

图 4-15 水平固定管焊接层次
a）小管为二层二道 b）大管为三层三道

表4-7 管子水平固定焊焊接参数

焊层		焊条直径/mm	焊接电流/A
打底层	断弧焊法	2.5	75~85
	连弧焊法	2.5	65~75
填充层		3.2	110~130
盖面层		2.5	75~85
		3.2	110~120

3. 打底层的焊接

（1）连弧焊法　连弧焊的焊接参数见表 4-7，焊条角度如图 4-16 所示。

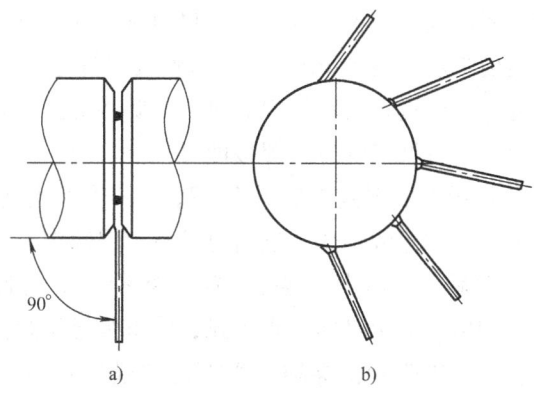

图 4-16 管子水平固定焊的焊条角度
a）焊条夹角 b）焊条倾角

打底层焊缝的焊接，沿垂直中心线将管件分为两个半周，即前半周和后半周，各分别进行焊接仰焊—立焊—平焊。

前半周从仰焊位置开始，首先在起焊点引弧，起焊点、定位焊缝位置及焊接步骤如图4-14所示。引弧后先将焊条送到坡口根部一侧停顿预热、熔化，再将焊条移向另一坡口侧，进行熔化金属搭接，然后对准坡口根部中心，将焊条向背面顶送，当形成熔孔时，焊条不要下移，采用小锯齿形摆动运条，进行正常焊接。焊接过程中，不同的焊接位置、运条方法和电弧透过背面的长度及熔孔大小是不同的。

仰焊位置时，容易产生内凹、未焊透和夹渣等缺陷，故焊条应向背面顶送多一些，有焊条顶到管壁的感觉，电弧压得越低越好，电弧应透过内壁约1/2，焊条横向摆动幅度要小，向前运条的距离要均匀，不宜过大，并且要随时调整焊条角度，以防止熔池金属下坠而引起缺陷。

立焊位置时，焊条向背面顶送比仰焊位置要浅些，电弧弧柱透过内壁约1/3，横向摆动幅度比仰焊稍大。

平焊位置时，焊条向背面顶送更浅，焊条不要下压，弧柱透过内壁要小于1/4，主要用熔池的热量将坡口根部熔化，防止产生焊瘤和烧穿。

更换焊条进行焊缝中间接头时，可采用热接法或冷接法。

热接法：停弧时，为防止产生缩孔，应先将焊条向焊接反方向拉回10mm，再拉长电弧，熄弧。然后迅速更换焊条，立即在停弧处引弧，顺弧坑向前运条焊接。当电弧到达熔孔处时，将焊条对准与熔孔相连的坡口根部，向背面顶送焊条，并稍作停留，当听到电弧的击穿声，即形成新的熔孔时，让焊条作小锯齿形横向摆动，进行正常焊接。

冷接法：应先将停弧处焊道打磨成缓坡形，然后按热接法的引弧、击穿方法运条焊接。

后半周焊缝下接头仰焊位置的焊接：在后半周焊缝焊接前，先将前半周焊缝起焊处易产生的气孔、未焊透等缺陷清除掉，然后打磨成缓坡。焊接时在前半周焊缝前约10mm处引弧，预热、焊接，焊至缓坡末端时将焊条向上顶送，待根部熔透形成熔孔时，即可正常运条向前焊接。其他位置焊法均与前半周相同。

焊缝上接头水平位置的焊接：在后半周焊缝焊接前，应将前半周焊缝在水平位置的收弧处打磨成缓坡形，当后半周焊缝与前半周焊缝接头封闭时，要将电弧略向坡口内压送，并稍作停顿，待根部熔透超过前半周焊缝约10mm，填满弧坑后再熄弧。

在整周焊缝焊接过程中，经过正式定位焊缝时，只要将电弧稍向坡口内压送，以较快的速度通过定位焊缝，过渡到前方坡口处进行焊接即可。

（2）断弧焊法　断弧焊操作的焊接参数见表4-7，焊条角度与连弧焊基本相同。首先在起焊点位置坡口一侧引弧，稍作停顿预热，然后对准坡口根部中心，向背面顶送焊条，当听到击穿坡口根部的"噗"声后，即形成了熔孔（第一个熔池），迅速灭弧。当熔池还处在暗红状态时，立即在坡口一侧熔池的边缘即 a 点引弧，将电弧运至熔池与坡口根部的连接处中心即 b 点，向背面顶送焊条，当听到击穿坡口根部的"噗"声后，立即将焊条拉向另一侧坡口即 c 点灭弧。如此 $a—b—c$ 反复运条焊接，如图4-17所示。

断弧焊的停弧及接头方法与连弧焊相同。

4. 填充层的焊接

对于大直径管来说除了打底层和盖面层外，中间还需要进行填充层的焊接。焊接填充层前，应将前层焊道清理干净，并将焊道接头处的局部凸出处打磨平整。由于中间层较宽，一般采用锯齿形或月牙形运条方法焊接，焊接填充层的焊接参数见表4-7，焊条角度与焊打底层相同。仍采用两个半周步骤焊。首先在图4-14所示起焊点处引弧，焊条摆动幅度比焊打底层时加宽。运条时，要采用短弧，在坡口两侧稍作停顿，以保证坡口两侧熔合良好，焊条角度也要随着改变，当焊到盖面焊前一层焊道时，要注意留出坡口轮廓来，保证能看出坡口和焊道的界线，焊道也不能高出管子外壁表面，应比坡口边缘低1~1.5mm，为焊接盖面层做好准备。

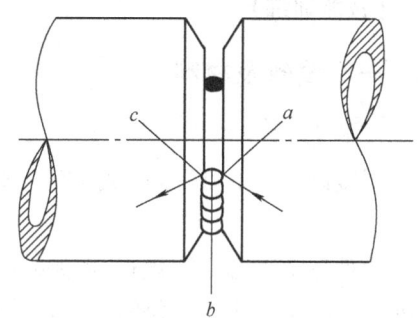

图4-17　固定管打底层断弧焊运条方法

5. 盖面层的焊接

盖面层不但要保证焊缝尺寸合格、美观，还要确保焊缝质量，表面不能出现严重的咬边、焊缝过高或不足、焊缝与管子过渡陡急等现象。

焊接盖面层前，应将填充层焊道清理干净。焊接盖面层的焊接参数见表4-7，焊条角度及运条方法与填充层基本相同，焊条摆动幅度应加宽。当运条到坡口两侧时，要进一步压缩电弧，并稍作停顿，以防止咬边；当运条到焊道中间位置时，应增加运条速度，防止熔池金属下坠而产生焊瘤。

由于大管坡口上端太宽，盖面层可分三道焊成。第一焊道的宽度应占盖面层焊缝宽度的2/3，第二道应占总宽度的1/2，第三道压在第一、二道之上。这样既起到盖面层的加强作用，又达到使整个焊缝缓慢冷却的目的。管子焊缝盖面层要求如图4-18所示。

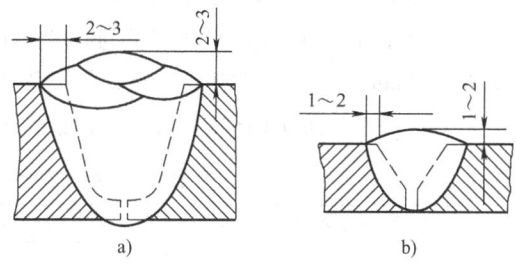

图4-18　管子焊缝盖面层的要求
a) 大管　b) 小管

三、质量评定

质量评定标准与课题三相同。

课题五　管板水平固定焊

管板水平固定焊时不准改变焊件位置，要求掌握平焊、立焊、仰焊的操作技能，所以这是最难掌握的焊接位置。

【实训任务】

1. 掌握管板水平固定焊时焊条角度变化的规律。
2. 掌握管板水平固定焊的操作技术。
3. 掌握管板水平固定焊打底层的连弧焊与断弧焊的操作技术。

【技能训练】

一、设备及材料

1. 设备

焊接设备为 BX1—330 或 ZXG—300 型焊机。

2. 焊件

焊件每组 1 套,管规格为 $\phi 60mm \times 100mm \times 5mm$,无坡口,1 根;板规格为 $100mm \times 100mm \times 12mm$,1 块。每组 1 套,管规格为 $\phi 60mm \times 100mm \times 5mm$,坡口面角度为 50°,1 根;板规格为 $100mm \times 100mm \times 12mm$,中间加工 $\phi 50mm$ 孔,1 块。

3. 焊接材料

焊接材料是 E4303 焊条,直径为 2.5mm 和 3.2mm 两种。

二、实训步骤及操作要点

1. 操作前的准备

1)用砂纸或角向磨光机将管子内外壁坡口两侧、板孔焊接面外侧 20mm 范围内的油污、铁锈等清除干净,并使之露出金属光泽。

2)装配定位焊时采用的焊条与正式焊接时相同。定位焊缝不得有任何缺陷,定位焊缝长度≤10mm,可采用两点或三点,间隔为 120°,定位焊缝两端应打磨成缓坡形。装配时注意管板要同心,防止错边。焊件的装配定位焊尺寸见表 4-8。

表 4-8 管板水平固定焊的装配定位焊尺寸

运条方法		根部间隙/mm	钝边/mm	错边量
连弧焊	时钟 12 点处	2.5	0	≤10%δ
	时钟 6 点处	3.0		
断弧焊	时钟 12 点处	2.5	0.5~1	
	时钟 6 点处	3.2		

注:δ 为管壁厚度。

2. 焊接层次及焊接参数

焊接层次为二层二道或三层三道,如图 4-19 所示。焊接参数见表 4-9。

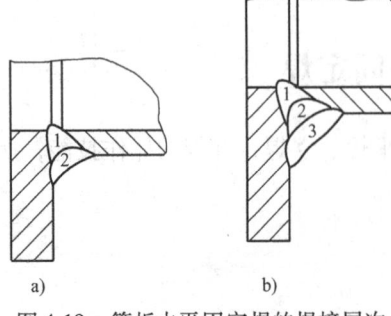

图 4-19 管板水平固定焊的焊接层次
a)二层二道 b)三层三道

表 4-9 管板水平固定焊的焊接参数

焊 层	焊条直径/mm	焊接电流/A
打底层	2.5	60~80
	3.2	110~120
填充层	2.5	70~90
	3.2	105~115
盖面层	2.5	70~80
	3.2	110~120

3. 焊接练习

开始时可先用无坡口的管子（φ60mm×100mm×5mm）和无孔的板（100mm×100mm×12mm）练习，熟悉焊条的角度变化，焊道的接头等基本操作方法，为以后的焊接打下基础。

4. 打底层的焊接

为了便于说明焊接要求，我们规定从管子正前方正视管板时，可按时钟位置将焊件分为12等分，最上方为0点，最下方为6点，右侧为0～6点，左侧为6～12（0）点。

（1）连弧焊法　水平固定管板焊接时，一般将管子分上下两半周进行焊接，包括仰焊、立焊、平焊三种焊接位置。焊条角度要随着焊接位置的变化而不断变化。焊条角度及焊接步骤如图4-20所示。

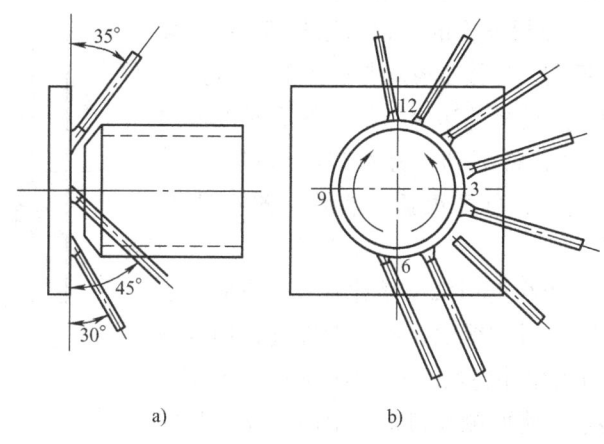

图4-20　管板水平固定焊的焊条角度及焊接步骤
a）焊条角度　b）焊接步骤

为了便于仰焊及平焊位置接头，焊接前半周时，从7点（即过6点5～10mm）处引燃电弧，稍预热后，向上顶送焊条，待孔板的边缘与管子坡口根部熔化并形成熔孔后，稍退出焊条，用短弧作小幅度锯齿形横向摆动，沿逆时针方向继续焊接。终焊点在11点（即过12点5～10mm）处。

由于管与板两焊件的厚度不同，所需热量也不一样，打底焊接时应使电弧的热量偏向孔板，当焊条横向摆到板的一侧时应稍作停顿，以保证板孔的边缘熔化良好，防止板件一侧产生未熔合现象。

在仰焊位置焊接时，焊条向焊件里面顶送深些，横向摆动幅度小些，向上运条的间距要均匀，不宜过大。幅度和间距过大易使背面焊缝产生咬边和内凹。

在立焊位置焊接时，焊条向焊件里面顶送得比仰焊位置浅些，平焊位置顶送的焊条应比立焊浅些，防止熔化金属由于重力作用而造成背面焊缝过高和产生焊瘤。

由于焊条用完或其他原因停弧时，应将电弧向焊接的反方向拉回到斜后方约10mm处，慢慢提起焊条灭弧，目的是为了防止弧坑处产生缩孔。

焊缝的接头：更换焊条进行焊缝中间接头时，可采用热接法或冷接法。

热接法是在熔池还没有完全冷却凝固，呈暗红色状态时，在熔池后方约10mm处引弧,焊条稍作横向摆动,待填满弧坑,电弧到达熔孔处时,将焊条向背面顶送,并稍作停顿,当听到击穿坡口根部的"噗"声,形成新的熔孔后,焊条进行横向摆动,并向前运条焊接。

冷接头法是先将弧坑打磨成斜缓坡形,再按照热接法引弧、击穿、焊接。

仰焊位置接头时,在焊接后半周前,先将前半周焊缝起焊处打磨成缓坡。在距始焊端 5~10mm 缓坡的焊道上引弧预热、运条焊接。当运条到达缓坡终端（原熔孔处）时,将焊条向上顶送,待听到击穿坡口根部的"噗"声,形成新的熔孔时,即转向正常运条焊接。

在水平位置接头时,接头前将前半周水平位置的焊道收弧处打磨成缓坡形,当运条到达该收弧处（原熔孔）时,将焊条稍向下压送并稍作停顿,待根部焊透,向前运条,将前半周焊道弧坑处 5~10mm 的缓坡填满后熄弧。

(2) 断弧焊法　断弧焊操作的焊接参数见表4-9。焊条角度及起焊点、收弧点、焊接步骤均与连弧焊相同。

首先在仰焊位置7点的板孔边缘引弧,然后对准坡口根部中心向上顶送焊条,待听到击穿坡口根部的"噗"声,即形成第一个熔池后,立即灭弧。然后如图4-21所示 a—b—c 线路运条。

其中 a 点是在板孔边缘上引弧并熔化；b 点是板孔边缘与管侧坡口被击穿后形成的熔池,使背面焊透,形成焊道；c 点是在管侧坡口熔化并熄弧。a 点电弧停留时间比 c 点稍长,当看到熔池金属将两侧坡口搭接上时,立即移向 b 点,以防止产生烧穿和焊瘤。

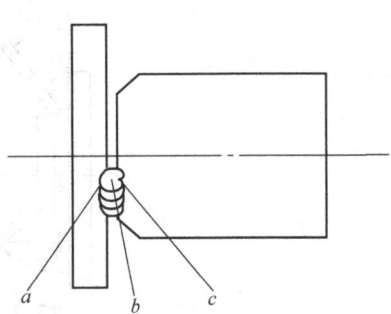

图4-21　管板水平固定打底焊断弧焊的运条方法

5. 填充层的焊接

焊接填充层的焊接参数见表4-9。焊条角度及焊接步骤与打底焊相同。运条方法仍为锯齿形,但摆幅稍大。焊接时注意填充焊道宜薄不宜厚。一般将管侧坡口填满,而板侧坡口比管侧坡口宽约2mm,使焊道形成一个斜面,保证盖面焊道焊后能够圆滑过渡。

6. 盖面层的焊接

焊接盖面层的焊接参数见表4-9。焊条角度及焊接步骤与焊接打底层基本相同。焊接时应注意使焊道圆滑过渡,关键是先把接头接好,其次是注意运条时,防止仰焊位置液态金属下坠,应先在管壁上多停留片刻,然后斜摆到板侧；运条到达立焊位置时,在坡口两侧停顿时间相同；运条到达平焊位置时,加大焊条夹角,使电弧尽量吹向板侧,并在板侧收弧。

三、质量评定

1) 焊缝应无裂纹、未熔合、焊瘤。

2) 夹渣、气孔应≤1.5mm。

3) 焊脚尺寸应在 10~13mm 之间,焊脚差≤3mm。

4) 表面凹凸度应≤1.5mm,咬边深度≤0.5mm,背面凹坑深度≤1mm,未焊透深度 ≤0.75mm。

复 习 题

1. 横焊时容易出现哪些缺陷？应如何防止？
2. 不开坡口横焊时运条有什么特点？
3. 开坡口横焊时如何防止熔化金属下淌？
4. 连弧焊法焊接横焊打底层的动作要点是什么？
5. 管子垂直固定焊的特点是什么？
6. 开坡口水平固定管打底层焊接应如何操作？
7. 简述水平固定管接头处的操作方法？
8. 简述断弧焊法焊接管板水平固定焊打底层的动作要点是什么？

单元五 焊条电弧焊高级工培训内容

课题一 T形接头仰角焊

T形接头仰角焊是T形接头中操作难度最大的。仰焊位置熔化金属易在重力作用下下淌,使焊缝成形困难,同时在焊接操作中又有横焊位置。焊接电流大了会产生焊瘤、咬边,电流小了可能产生未熔合、夹渣;间隙大了会产生烧穿,间隙小了可能会出现未焊透。所以T形接头仰角焊在操作中难度很大。

【实训任务】
1. 掌握T形接头仰角焊装配与定位焊的要求。
2. 掌握T形接头仰角焊连弧焊与断弧焊两种打底焊的方法。
3. 掌握T形接头仰角焊填充焊与盖面焊的操作要点。

【技能训练】

一、设备及材料

1. 设备

焊接设备为BX1—330型或ZXG—300型焊机。

2. 焊件

焊件为低碳钢板,每组两块:1块规格为300mm×60mm×10mm,V形坡口,坡口面角度为50°,无钝边;另1块规格为300mm×100mm×10mm,无坡口。

3. 焊接材料

焊接材料为E4303焊条,直径2.5mm、3.2mm和4mm。

二、实训步骤及操作要点

1. 操作前的准备

1)用砂纸或角向磨光机将300mm×60mm×10mm板两侧20mm范围内、坡口处及300mm×100mm×10mm板中线两侧各20mm范围内的油污、铁锈等清除干净,并使之露出金属光泽。

2)装配定位焊时采用的焊条与正式焊接时相同。定位焊缝在焊件两端各20mm范围之内,不得有任何缺陷,定位焊缝长度≤15mm,焊后将定位焊缝的一端打磨成缓坡形。装配时立板与底板应相互垂直。焊件装配尺寸见表5-1。

表 5-1 T 形接头仰角焊的装配尺寸

焊接方法	根部间隙/mm		钝边/mm
	始焊端	终焊端	
断弧焊	3.2	4	1~2
连弧焊	3	3.5	0.5~1

根部间隙始焊端为 3~3.5mm，终焊端为 4mm，钝边为 1~2mm。

2. 焊接层次及焊接参数

焊接层次为三层六道或四层七道，如图 5-1 所示。焊接参数见表 5-2。

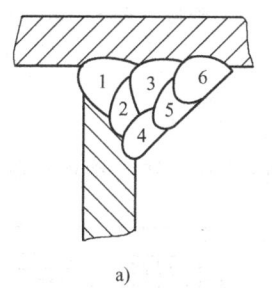 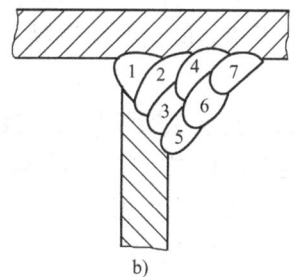

a) b)

图 5-1 T 形接头仰角焊的焊接层次

表 5-2 T 形接头仰角焊的焊接参数

焊 层	焊条直径/mm	焊接电流/A	
打底层	2.5	连弧焊	70~80
		断弧焊	85~90
	3.2	连弧焊	90~100
		断弧焊	100~110
填充层	3.2	115~125	
盖面层	3.2	110~120	
	4	150~160	

3. 打底层的焊接

（1）连弧焊法 打底层连弧焊的焊条角度如图 5-2 所示。

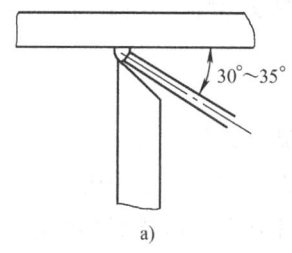 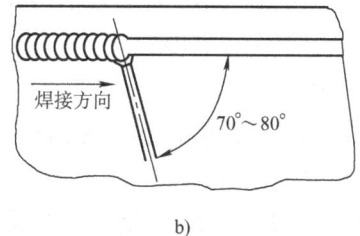

a) b)

图 5-2 T 形接头仰角焊焊接打底层的焊条角度
a) 焊条夹角 b) 焊条倾角

首先从焊件的始端定位焊处引弧，引弧后稍作停顿对定位焊处预热，然后横向摆动向前运条。当电弧到达定位焊缝的末端时，将焊条向背面顶送并停顿2~3s，当听到"噗"的一声说明已击穿坡口根部，将焊条上下摆动，以斜锯齿形向前运条焊接。在焊接过程中坡口击穿的顺序是先上坡口，后下坡口；熔孔的位置下半周在前、上半周在后，如图5-3所示。熔孔大小以坡口每侧各熔0.5mm为宜，并始终保持斜椭圆形熔池形状和熔孔大小一致。注意观察熔池，防止熔池温度过高，如发现熔池金属将要下淌，应立即调整焊条角度或断弧。

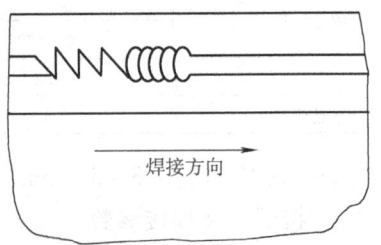

图5-3　T形接头仰角焊连弧焊法焊接打底层的运条方法及熔孔形状

（2）断弧焊法　打底层断弧焊的焊接参数见表5-2。

焊条角度与连弧焊相同。首先从始焊端定位焊处引弧，然后稍作停顿对定位焊处预热，并以横向摆动向前运条。当电弧到达定位焊缝的末端时，将焊条向背面顶送，并停顿2~3s，听到"噗"的一声后，说明第一个熔池已经建立并立即灭弧。当熔池由红变暗，立即从第一个熔池a点引弧，然后将电弧移到b点，即对准坡口根部中心，向背面顶送焊条，听到击穿坡口根部的"噗"声后，再将电弧移到c点灭弧。c点在a、b两点间的下方，即下坡口边缘。在c点灭弧的目的是防止电弧在a点时，熔池金属下坠到下坡口引起熔合不良，

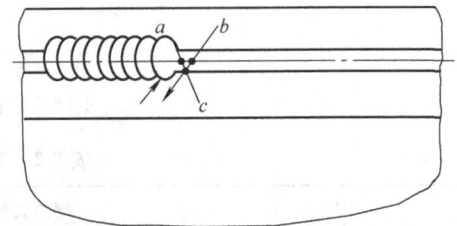

图5-4　T形接头仰角焊断弧焊法焊接打底层的运条方法

并增加熔池温度，减缓熔池冷却速度，有利于防止产生气孔、冷缩孔。如此按照$a—b—c$反复运条焊接，如图5-4所示。焊接时始终注意熔孔大小要合适、一致，随时调整焊条角度。采用短弧焊接，电弧总是顶着熔池，严防熔池金属、熔渣超前。

在焊接过程中需要停弧时，为防止产生缩孔，应将电弧向焊接反方向，即沿坡口斜后方向回拉10~15mm，慢慢提起焊条、灭弧。或沿熔池边缘连续点焊几下，以便增加熔池温度，减缓冷却速度，然后再灭弧。接头采用热接法，热接法灭弧后迅速更换焊条，在停弧处引弧向前运条，当电弧到达原停弧处的熔孔后，向背面顶送焊条并稍作停顿，当形成新的熔孔时，摆动焊条向前进行焊接。

4. 填充层的焊接

焊接填充层前应将前层焊道清理干净。焊接参数见表5-2。

下面以三层六道的填充层焊接方法为例介绍其操作方法。首先采用直线方法运条焊接焊道2，并注意观察下坡口的熔合情况。再采用小斜锯齿形方法运条焊接焊道3，使其覆盖焊道2的1/3~1/2，避免填充层出现凹槽和凸起，使焊道表面平整。焊条夹角如图5-5所示。焊接完填充层后，焊道下边缘距坡口边缘1~2mm；焊道上边缘距离立板表面1mm左右，为焊接盖面层打好基础。

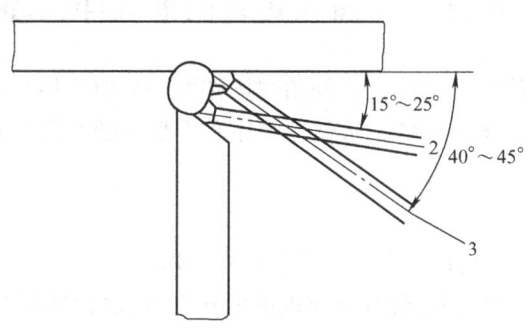

图 5-5　T形接头仰角焊焊接填充层的焊条夹角

5. 盖面层的焊接

焊接盖面层前应将前层焊道清理干净。焊接顺序是先从下面焊道开始依次向上焊接。焊接盖面层的焊接参数见表 5-2，焊条夹角如图 5-6 所示。焊接焊道 4 时，应注意压缩电弧，运条速度要均匀，并用熔池温度均匀地熔化坡口边缘，防止产生未熔合和熔化金属下坠。焊接中间焊道 5 时，运条速度不宜过慢，防止熔池温度过高，熔化金属下坠；并使熔池覆盖焊道 4 的 1/3~1/2。焊接最后焊道 6 时，应注意防止咬边，熔化金属下淌。焊接时，尽量压低电弧并注意调整焊条角度。当运条到焊道的上边缘时要稍作停留，注意防止熔池温度过高，应使液态金属均匀地覆盖焊道和底板，并注意焊脚尺寸的要求，如果焊脚尺寸过小，可采用斜锯齿形运条焊接。

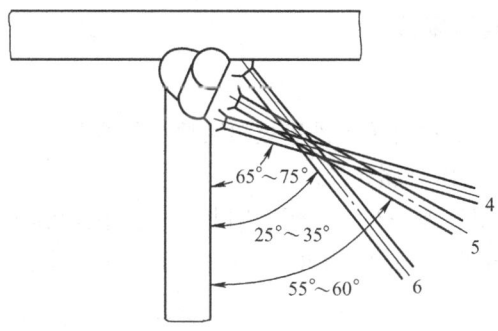

图 5-6　T形接头仰角焊焊接盖面层的焊条夹角

三、质量评定

1）焊缝应无裂纹、未熔合、烧穿。
2）夹渣、气孔应≤1.5mm。
3）立板侧焊脚尺寸为 12~14mm，平板侧焊脚尺寸为 6~9mm，焊脚尺寸差<3mm。
4）咬边深度应≤0.5mm。
5）凹凸度应≤1.5mm。

课题二 插入式管板垂直仰位焊

插入式管板垂直仰位焊和T形接头仰角焊操作方法类似,但是在插入式管板垂直仰位焊焊接过程中,为了保证焊条角度的一致性,焊钳和手腕要随时调整和转动,因此难度较T形接头仰角焊更大。

【实训任务】

1. 掌握插入式管板垂直仰位焊装配与定位焊的要求。
2. 掌握插入式管板垂直仰位焊焊条角度的变化规律及打底焊的方法。
3. 掌握管板垂直仰位焊盖面焊的操作要点。

【技能训练】

一、设备及材料

1. 设备

焊接设备为 BX1—330 型或 ZXG—300 型焊机。

2. 焊件

焊件每组1套:管子1根,规格为 φ60mm×112mm×5mm,无坡口;板1块,规格为 100mm×100mm×12mm,中间加工 φ60mm 孔。

3. 焊接材料

焊接材料为 E4303 焊条,直径为 2.5mm 和 3.2mm。

二、实训步骤及操作要点

1. 操作前的准备

1) 用砂纸或角向磨光机将管子内外壁坡口两侧、板孔焊接面外侧20mm范围内的油污、铁锈等清除干净,并使之露出金属光泽。

2) 装配定位焊时采用的焊条与正式焊接时相同。定位焊缝不得有任何缺陷,定位焊缝长度≤10mm,采用两点定位,间隔为120°,如图5-7所示。定位焊缝两端应打磨成缓坡形,

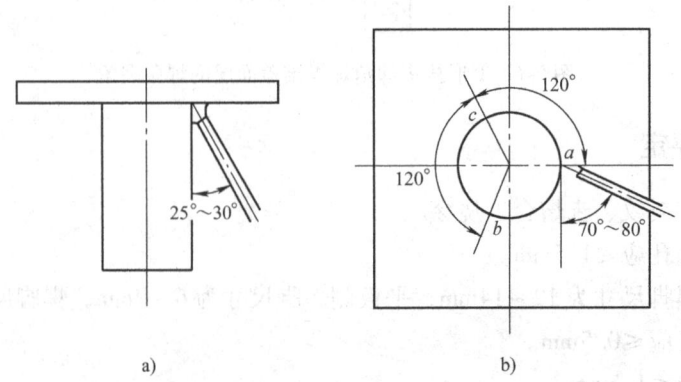

图 5-7 插入式管板垂直仰位焊起焊点、定位焊缝位置及焊条角度
a) 焊条夹角 b) 起焊点、定位焊缝位置及焊条倾角

装配时注意管板要同心,防止错边。

2. 焊接层次及焊接参数

焊接层次为二层二道或二层三道。焊接参数见表5-3。

表5-3 插入式管板垂直仰位焊的焊接参数

焊　　层	焊条直径/mm	焊接电流/A
打底层	2.5	70~80
	3.2	90~100
盖面层	2.5	70~80
	3.2	85~95

3. 打底层的焊接

打底层的焊接参数见表5-3,焊条角度、起焊点、定位焊缝位置如图5-7所示。首先在起焊点仰板侧引弧,稍作停顿预热,然后对准焊缝根部,直线向前运条焊接。在焊接过程中,并注意控制电弧、熔池金属及熔渣之间的正确位置,防止熔渣超前;随时转动焊钳和手臂注意调整焊条角度,尽量使其保持一致;注意观察熔池温度和形状,防止熔池金属下坠,同时焊接过程中,要使用短弧。

4. 盖面层的焊接

焊接盖面层的焊条角度与焊接打底层时基本相同。当采用二层二道焊接时,盖面层采用ϕ3.2mm焊条,焊接电流为85~95A,采用斜锯齿方法运条。运条时,当电弧到达仰板侧时稍作停顿,防止产生咬边;电弧在中间位置时,速度稍快,防止熔池金属下坠;注意焊条摆动幅度要一致,并采用短弧焊接。

当采用ϕ2.5mm焊条焊接时,盖面层焊道为二道,焊接电流为70~80A。焊接盖面层焊道2时采用小锯齿形运条,使熔池覆盖打底层焊道的1/3~1/2。焊接盖面层焊道3时,也采用小锯齿形运条焊接。焊接过程中,当运条到板侧时焊条稍作停留,使板侧焊道边缘熔合良好,并防止产生咬边;同时注意观察熔池温度和形状,防止液态金属下坠。

三、质量评定

1)焊缝应无裂纹、未熔合、烧穿。

2)焊脚尺寸为6~9mm,焊脚尺寸差≤2mm。

3)焊缝应无明显咬边,咬边深度≤0.5mm,表面凹凸度≤1.5mm,接头处无脱节和堆高现象。

课题三　骑座式管板垂直仰位焊

骑座式管板垂直仰位焊与插入式管板垂直仰位焊相比,难度在于它还要求单面焊双面成形。焊接电流大了会产生烧穿、焊瘤和咬边;电流小了可能产生未熔合和夹渣。间隙大、钝边小了会产生烧穿和内凹;间隙小、钝边大了可能会出现未焊透。

【实训任务】

1. 掌握骑座式管板垂直仰位焊装配与定位焊的要求。
2. 掌握骑座式管板垂直仰位焊焊条角度的变化规律及打底焊的方法。
3. 掌握骑座式管板垂直仰位焊盖面焊的操作要点。

【技能训练】

一、设备及材料

1. 设备

焊接设备为 BX1—330 或 ZXG—300 型焊机。

2. 焊件

焊件每组 1 套：管子 1 根，规格为 $\phi 60mm \times 100mm \times 5mm$，50°V 形坡口；板 1 块，规格为 $100mm \times 100mm \times 12mm$，中间加工 $\phi 50mm$ 孔。

3. 焊接材料

焊接材料为 E4303 焊条，直径为 2.5mm 和 3.2mm。

二、实训步骤及操作要点

1. 操作前的准备

1）用砂纸或角向磨光机将管子内外壁坡口两侧、板孔焊接面外侧 20mm 范围内的油污、铁锈等清除干净，并使之露出金属光泽。

2）装配定位焊时采用的焊条与正式焊接时相同。定位焊缝不得有任何缺陷，定位焊缝长度≤10mm，采用两点定位，间隔为 120°。定位焊缝两端应打磨成缓坡形，装配时注意管板要同心，防止错边。焊件的装配尺寸见表 5-4。

表 5-4　骑座式管板垂直仰位焊的装配尺寸

焊接方法	根部间隙/mm	钝边/mm	错边量
断弧焊	3.2	0.5~1	≤10%δ
连弧焊	2.5~3.2	0	

2. 焊接层次及焊接参数

焊接层次为三层四道。焊接参数见表 5-5。

表 5-5　骑座式管板垂直仰位焊的焊接参数

焊　层		焊条直径/mm	焊接电流/A
打底层	连弧焊	2.5	65~80
	断弧焊	2.5	75~85
填充层		2.5	85~90
		3.2	90~110
盖面层		2.5	75~85
		3.2	90~100

3. 打底层的焊接

（1）连弧焊法　采用连弧焊焊接打底层的焊条角度如图5-8所示。焊接参数见表5-5。

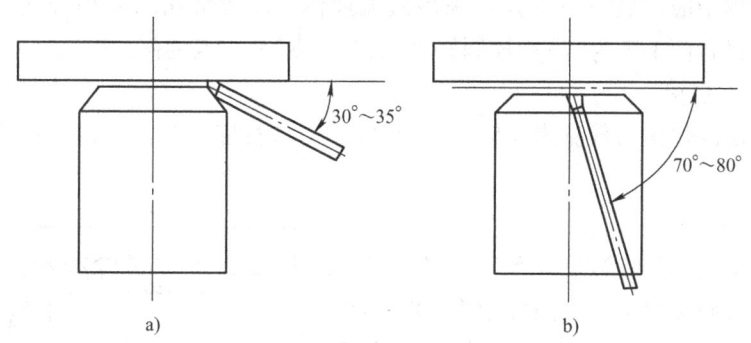

图5-8　骑座式管板垂直仰位焊连弧焊打底层的焊条角度
a）焊条夹角　b）焊条倾角

首先在仰板侧起焊点 a 处引弧，如图5-9所示。稍作停顿预热，将焊条对准坡口根部，向背面顶送焊条。当听到"噗"的一声，说明已击穿坡口根部、形成熔孔，然后以小锯齿形摆动焊条进行正常焊接。焊接过程中，要采用短弧。运条时，电弧在中间稍快，在两侧稍作停留，电弧稍偏向板侧，防止烧穿管壁；同时，注意使板孔边缘与管子坡口根部形成熔池，且连接在一起，然后才能继续向前运条。

（2）断弧焊法　采用断弧焊方法焊接打底层的焊接参数见表5-5。焊条角度、起焊点位置与连弧焊相同，如图5-8所示。首先在板侧起焊点坡口位置引弧，电弧稍作停顿预热后，将电弧对准坡口根部顶送焊条。当听到击穿根部的"噗"声、形成第一个熔池后，迅速灭弧。待熔池金属由红变暗后按 a—b—c 路线，用断弧击穿法运条焊接，如图5-10所示。

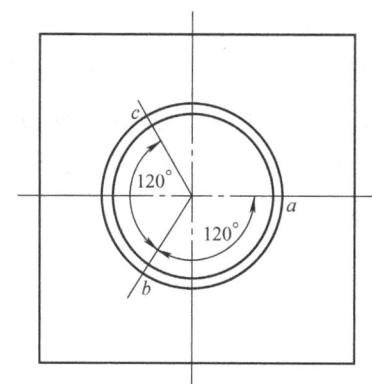

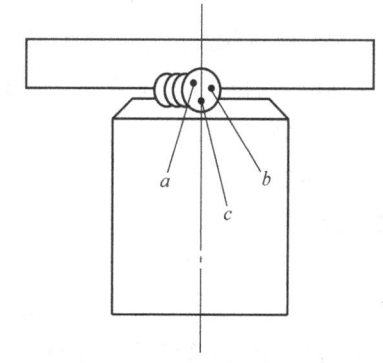

图5-9　骑座式管板垂直仰位焊起焊点和定位焊缝的位置

图5-10　骑座式管板垂直仰位焊焊接打底层断弧击穿运条方法
a—在板孔边缘引弧　b—板孔边缘与管壁坡口根部共同形成的熔孔
c—在管子坡口根部熄弧

在 a 点引弧，然后稍作停留，使板孔边缘预热、熔化，将较多的熔化金属敷在板孔边缘的熔池上，然后将电弧带着熔化金属拉向 b 点停顿，形成第二个熔池，其作用是保证坡口根部背面焊透，形成焊道。当第二个熔池形成后，将电弧拉向 c 点灭弧，在管子坡口根部熄弧。在 c 点灭弧的目的是保证管侧根部熔化，并加热从 a 点流到坡口根部的熔化金属，使其与管侧坡口根部熔合良好，防止产生未熔合。如此反复运条焊接。

在焊接过程中应注意以下几点：采用短弧操作；保持熔孔的大小合适、一致（熔孔大小以使弧柱透过背面 1/3 为宜）；控制好电弧在 a、b、c 三点的停留时间。

4. 填充层的焊接

焊接填充层的焊接参数见表 5-5，焊条角度与焊接打底层相同。焊接前注意将前层焊道清理干净。

5. 盖面层的焊接

焊接盖面层的焊接参数见表 5-5。首先焊接管侧焊道，再焊接板侧焊道。焊条倾角为 70°~85°，焊条夹角如图 5-11 所示。运条采用锯齿形方法。当焊接焊道 3 时，摆动幅度、间距均应较大，使焊道上缘压住填充层焊道的 1/2~1/3，并注意焊道下缘与管壁熔合良好，防止产生咬边。当焊接焊道 4 时，焊道下缘应与焊道 3 熔合良好，焊缝斜面平整，防止产生凹陷和凸起。焊道上缘与板侧熔合

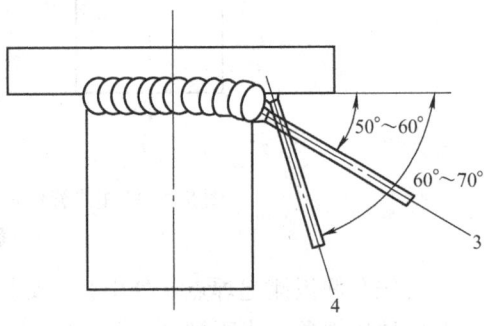

图 5-11 骑座式管板垂直仰位焊焊接盖面层的焊条夹角

良好，防止产生咬边。在盖面层的焊接过程中应注意满足两侧焊脚尺寸的要求，防止超标。

三、质量评定

质量评定标准与骑座式水平固定焊相同。

课题四 开坡口仰对接焊

开坡口仰对接焊操作难点不同于 T 形接头仰角焊和管板仰角焊，因为仰对接焊时熔池没有依托物，全靠电弧的吹力托住熔池，熔池金属容易下坠，并且熔池温度越高表面张力就越小，所以仰焊背面易产生凹陷，正面易出现焊瘤，造成焊缝成形困难。开坡口仰对接焊是最难操作的一种焊接位置。

【实训任务】

1. 掌握开坡口仰对接焊装配与定位焊的要求。
2. 掌握开坡口仰对接焊焊接参数的选择。
3. 掌握开坡口仰对接焊的填充焊及打底焊的操作方法。
4. 掌握开坡口仰对接焊盖面焊的操作要点。

【技能训练】

一、设备及材料

1. 设备

焊接设备为 BX1—330 型或 ZXG—300 型焊机。

2. 焊件

焊件为低碳钢板,每组两块,规格为 300mm×100mm×12mm,V 形坡口,无钝边。

3. 焊接材料

焊接材料为 E4303 焊条,直径为 2.5mm 和 3.2mm。

二、实训步骤及操作要点

1. 操作前的准备

1) 用角向磨光机清除焊件正反表面坡口两侧 20mm 范围内及坡口处的油污、铁锈等,直至露出金属光泽。

2) 用锉刀或角向磨光机加工出钝边,并检查两焊件的钝边高度是否一致,配合是否严密,不合适时应加以修整。

3) 焊件装配定位焊尺寸见表 5-6。

表 5-6 开坡口仰对接焊的装配定位焊尺寸

操作方法	根部间隙/mm				钝边/mm	反变形角度/(°)	错边量
	焊条直径 φ3.2 mm		焊条直径 φ2.5 mm				
	始焊端	终焊端	始焊端	终焊端			
断弧焊	3.2	4	3	4	1~2	4~5	≤10%δ
连弧焊	3	4	2.5	3.2	0~1	3	

注:δ 为管壁厚度。

2. 焊接层次及焊接参数

焊接层次为四层四道。焊接参数见表 5-7。

表 5-7 开坡口仰对接焊的焊接参数

焊层	焊条直径/mm		焊接电流/A
打底层	连弧焊	2.5	65~85
		3.2	90~100
	断弧焊	2.5	70~85
		3.2	100~115
填充层	3.2		110~120
盖面层	3.2		95~115

3. 打底层的焊接

(1) 连弧焊法 连弧焊焊接打底层时,焊条角度如图 5-12 所示。焊接参数见表 5-7。

在焊件始焊端定位焊缝处引弧,稍停顿预热,然后以小锯齿形运条向前焊接。当电弧到达定位焊缝终端的坡口间隙处,将焊条对准坡口根部中心向背面顶送,停顿 2~3s。当听到击穿坡口根部的"噗"声时,说明已形成熔孔,此时焊条不要下移,以最短电弧、小锯齿形摆动向前运条焊接。运条时注意透过坡口背面 1/2~2/3 弧柱,且在坡口两侧稍作停留,

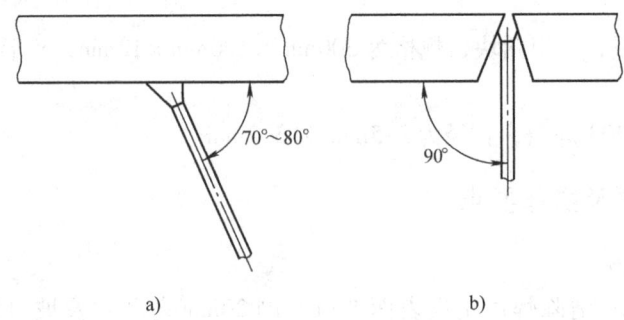

图 5-12 开坡口仰对接焊连弧焊焊接打底层的焊条角度
a) 焊条倾角　b) 焊条夹角

但比其他焊接位置停留时间要短些,熔孔大小以坡口两侧根部边缘每侧熔化 0.5~1.0mm 为宜;当焊条摆动到中间位置时,焊条稍微向上顶送,以防止产生内凹;为了降低熔池温度,焊条横向摆动应尽量小,焊接速度稍快,使焊道尽量薄一些,以防止液态金属下坠。

收弧前,应将焊条向坡口斜后方拉回 10~15mm,并迅速拉长电弧灭弧。目的是使熔池逐渐减小,填满并形成缓坡弧坑,以避免产生缩孔,有利于接头。接头有冷接法和热接法两种,最好采用热接法,可避免接头脱节和过高等缺陷。热接法灭弧后应迅速更换焊条,趁热在停弧处引弧并击穿坡口根部,向前运条焊接。为防止接头背面出现脱节、凹坑,击穿坡口根部时,焊条倾角比正常焊接时稍大 15°~25°。当根部击穿、形成熔孔向前运条时,再将焊条角度逐渐恢复正常。

(2) 断弧焊法　断弧焊焊接打底层的焊条角度与连弧焊时相同。焊接参数见表 5-7。首先在焊件始焊端定位焊缝处引弧,然后稍作停顿、预热,接着运条到定位焊缝终端坡口根部,向试件背面,对准坡口根部中心顶送焊条,停顿约 2~3s,当听到击穿坡口根部的"噗"声时,第一个熔池已经建立,然后迅速灭弧,当熔池由红转为暗红色时,立即引弧,对准坡口根部中心,向焊件背面顶送焊条,击穿坡口根部,按一点击穿法运条焊接,如图 5-13 所示。熔孔大小以坡口两侧各熔化 0.5~1mm 为宜。灭弧频率为 40~50 次/min。焊接过程中应做到引弧准确,灭弧迅速,严格以最短弧焊接,背面保持 1/2 弧柱。

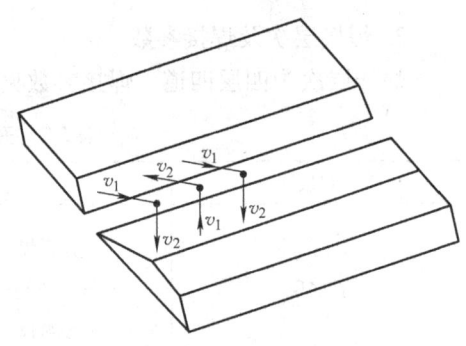

图 5-13 开坡口仰对接焊断弧焊焊接打底层一点击穿法示意图

收弧及接头的方法与连弧焊相同。

不论采用哪一种方法焊接打底层,第一层焊道都要平直,避免产生凸形,防止给下一层焊道的操作带来困难,同时还避免产生焊道边缘未焊透、夹渣、焊瘤等缺陷。

4. 填充层的焊接

焊接填充层前应先将前层焊道的熔渣、飞溅物清理干净,尤其是焊道两侧夹角处的焊渣应彻底清理。焊接填充层的焊条角度与焊接打底层相同,焊接参数见表 5-6。运条方法可采用锯齿形、月牙形，其要点是中间摆动快，两侧停留时间稍长，使焊缝与母材熔合良好，避免夹渣。填充层的焊道中部以平形或凹形为宜，高度比母材表面低1mm左右，不要破坏坡口两侧的原始棱边，以便焊接盖面层时控制焊缝的平直度和宽度。

5. 盖面层的焊接

焊接盖面层时，要控制好焊道的外形尺寸，并防止咬边以及熔池金属下坠引起的夹渣、未熔合等缺陷。

焊接前应将前层焊道清理干净，焊接参数见表5-6，焊条角度与焊接打底层相同，运条方法与填充层基本相同，只是横向摆动比填充焊要宽。当焊条摆到坡口两侧边缘时，应注意尽量压低电弧，并稍作停顿。同时注意观察坡口两侧边缘的熔合情况，防止咬边。电弧摆到中间位置时，运条速度稍快，以防止熔池金属下坠。运条动作要稳，向前移动要均匀，摆幅要一致，以使焊缝尺寸符合要求。

三、质量评定

1）焊缝要无裂纹、未熔合、烧穿，焊缝余高不低于母材表面。
2）夹渣、气孔应≤1.5mm。
3）焊缝宽度应≤24mm，焊缝宽度差、背面余高、余高差应≤3mm，正面余高<4mm。
4）咬边深度应≤0.5mm，熔合不良≤1.5mm，背面凹坑≤2mm。
5）错边量应≤10%δ，角变形<3°。

课题五 异种钢板开坡口平对接焊

异种钢的焊接因为母材材质不同会产生很多问题。本课题将介绍1Cr18Ni9Ti与Q235—A钢的焊接，它在焊接过程中有许多特殊的问题（如焊缝稀释问题），也有一般的问题（如热裂纹），因而在焊接工艺、焊接操作技术等方面有着特殊的要求。异种钢板的焊接是高级工考核的范畴，本课题仅以此例介绍一下异种钢在焊接时应注意的问题和操作上的不同，其他类钢及各个不同焊接位置的焊接参考此例及以前介绍的焊接方法，举一反三。

【实训任务】
1. 了解异种钢板焊接时焊条和焊接电源的选择方法。
2. 了解异种钢板焊接焊件的加工和清理方法。
3. 掌握异种钢板焊接装配与定位焊的要求。

【技能训练】

一、设备及材料

1. 设备

焊接设备为ZXG—300型焊机。

2. 焊件

焊件为1Cr18Ni9Ti和Q235—A板各1块，规格为300mm×100mm×12mm，90°V形坡

口,无钝边。

3. 焊接材料

焊接材料为 E309-15 焊条,直径为 3.2mm 和 4mm。

二、实训步骤及操作要点

1. 操作前的准备

1) 焊接前必须将坡口两侧约 20mm 范围内的油污、铁锈、漆等清理干净。

清理方法:不锈钢板侧严禁砂轮打磨,可用汽油、丙酮等清洗;或用中度砂纸打磨,使之露出金属光泽,不锈钢板侧清理后应涂上专用防飞溅剂。低碳钢板则可用砂轮打磨。

2) 为了防止在焊接过程中定位焊缝开裂,导致裂纹的产生,定位焊缝厚度和长度都要适当增加,但长度要≤20mm。定位焊缝为 3 个,其位置在焊件两端和中间的坡口内,焊接前应将其打磨成缓坡形。焊件的装配定位焊尺寸见表 5-8。

表 5-8 异种钢板平对接焊的装配定位焊尺寸

根部间隙/mm		钝边/mm	错边量
始焊端	终焊端	0.5~1	≤10%δ
4	5		

3) 电源极性为直流反接。

4) E309-15 焊条的烘干温度为 250℃ 左右,保温时间为 1~2h。焊条烘干后应放在 100~150℃ 的保温筒(箱)内保温,随用随取。

2. 焊接层次及焊接参数

为了防止焊缝稀释并避免热裂纹的产生,焊接 1Cr18Ni9Ti 与 Q235—A 钢时,除了正确选用焊条和坡口角度外,还应采用小熔合比的工艺措施。如选用小热输入的焊接参数,即小的焊接电流、短弧焊、快速运条、多层多道焊等,这是焊接异种钢最基本的操作方法。

焊接层次为四层八道,如图 5-14 所示。焊接参数见表 5-9。

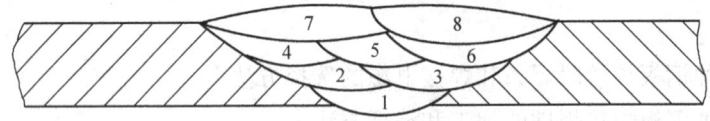

图 5-14 异种钢板平对接焊的焊层及焊道

表 5-9 异种钢板平对接焊的焊接参数

焊 层	焊条直径/mm	焊接电流/A
打底层	3.2	85~90
填充层	4	150~160
盖面层	4	150~160

3. 打底层的焊接

打底层的焊接应采用断弧焊半击穿运条方法，焊接参数见表5-8，焊条角度如图5-15所示。

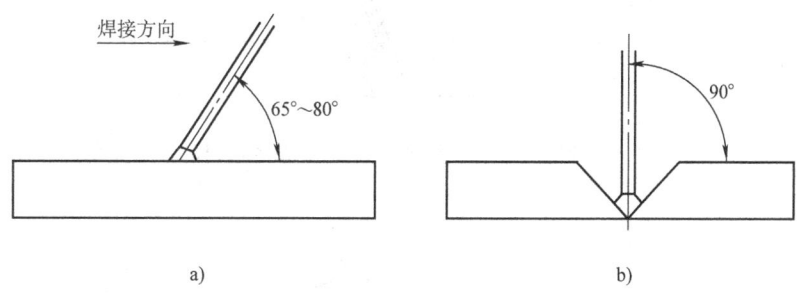

图 5-15 异种钢板平对接焊焊接打底层的焊条角度
a）焊条倾角 b）焊条夹角

在焊件始焊端定位焊缝上坡口内引弧，然后把电弧拉回到定位焊缝始端，并采用短弧向前运条，当电弧到与未焊坡口接合处时，对准坡口根部中心，向背面顶送焊条，停顿 2~3s，然后将电弧回拉 3~5mm 后立即灭弧，即建立了第一个熔池。当弧坑熔池由红色转为暗红色时，在熔池中心 a 点引弧，然后将电弧移向斜前方 Q235—A 钢板侧坡口 b 点，并稍作停顿后，迅速移向不锈钢板侧坡口 c 点灭弧，如图 5-16 所示。如此反复运条焊接。

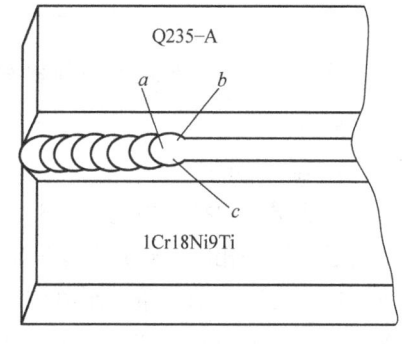

图 5-16 异种钢板平对接焊断弧焊的运条方法

焊接过程中在保证焊透的同时还要降低对焊缝的稀释，应迅速运条，因此在 b 点停留的时间不能太长；打底层要尽量薄，以减小熔合比；a、b 两点间距不能过大，否则会形成熔合不良或未焊透；有 2/3 弧柱保护熔池，1/3 用来熔化坡口根部，直观时应看不到熔孔，否则可能导致背面焊缝余高超高，甚至烧穿。

收弧时将电弧压低并回拉 5~10mm，在 Q235—A 钢坡口侧断弧。

接头应采用热接法。即在断弧后迅速更换焊条，当弧坑熔池尚在高温状态时，立即在熔池处引弧并向前运条；当电弧到达原弧坑与未焊坡口接合处时，压低电弧并稍作停留，然后回拉 3~4mm 后立即断弧，接着进行正常焊接。

4. 填充层的焊接

焊接填充层的焊接参数见表5-8。焊条倾角与焊接打底层时相同，焊条夹角如图5-17所示。焊接第 4、5、6 条焊道时的焊条夹角如图5-18所示。焊接前应将前层焊道清理干净。

焊接时，应注意控制层间温度≤150℃，采用短弧、直线形运条；保证焊道与坡口熔合良好，并防止产生咬边；注意使后焊焊道覆盖前一条焊道的 1/3~1/2，并防止产生沟槽和咬边；填充层焊缝表面应平滑，距坡口边缘为 1~1.5mm，不破坏坡口边缘，为焊接盖面层

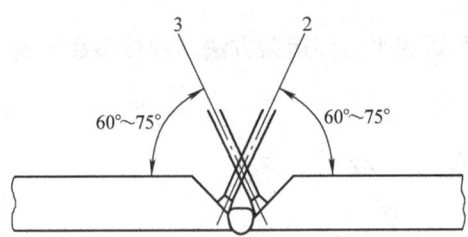

图 5-17　异种钢板平对接焊焊接第 2、3 条焊道时的焊条夹角

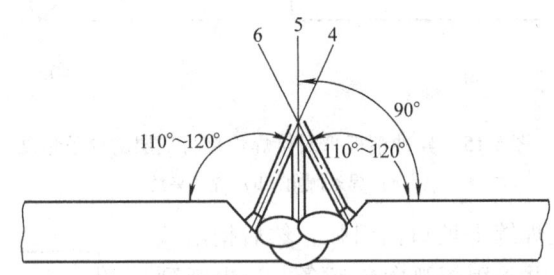

图 5-18　异种钢板平对接焊焊接第 4、5、6 条焊道时的焊条夹角

做好准备。

5. 盖面层的焊接

盖面层的焊接参数见表 5-8，焊前应将前层焊道表面清理干净，消除沟槽。焊条角度与打底层焊接时相同，焊接时层间温度≤150℃。焊接盖面层采用短弧、小锯齿形运条。为了防止产生咬边，当运条到距离坡口边缘 1～1.5mm 处时，稍调整焊条角度，利用电弧的吹力将熔池液态金属吹向坡口边缘，并使之熔合良好。焊接第 8 条焊道时，注意覆盖第 7 条焊道的 1/3～1/2，并防止产生沟槽和咬边，使焊缝中间厚边缘薄，与焊件平滑过渡。

盖面层接头时要注意：不能在坡口外或盖面层焊道上引弧，一定要在填充层焊道上，即弧坑前 5～10mm 处引弧，然后将电弧拉回到靠近弧坑的边缘，压低电弧向前运条焊接。

三、质量评定

1）焊缝要无裂纹、未熔合、烧穿等缺陷，焊缝余高不低于母材表面。
2）夹渣、气孔应≤1.5mm。
3）焊缝宽度应≤35mm，焊缝宽度差、余高、背面余高、余高差应≤3mm。
4）咬边深度应≤0.5mm，未焊透深度≤1.5mm，背面凹坑≤2mm。
5）错边量应≤10%δ，角变形<3°。

复 习 题

1. T 形接头仰角焊操作中有哪些困难？
2. 连弧焊法焊接骑座式管板垂直仰位焊打底层的操作要点是什么？
3. 仰焊操作有哪些困难？
4. 开坡口仰焊时运条有哪些特点？

5. 异种钢焊接的特点是什么?
6. E309-15 焊条的烘干要求是什么?
7. 焊接异种钢基本的操作方法是什么?
8. 焊接异种钢为什么要采用小熔合比的工艺措施?

单元六　手工钨极氩弧焊

课题一　手工钨极氩弧焊的理论知识

【学习任务】
1. 了解手工钨极氩弧焊的特点，熟悉其常用的焊接材料。
2. 掌握手工钨极氩弧焊设备的使用与保养。
3. 掌握手工钨极氩弧焊焊接参数的选择原则。

【理论知识一】　手工钨极氩弧焊概述

一、氩弧焊的工作原理

氩弧焊是利用氩气保护的一种气体保护电弧焊焊接方法。焊接过程如图 6-1 所示，从焊枪喷嘴中喷出的氩气在焊接区造成一个严密的气体保护层来隔绝空气，在氩气层流的包围之中，电弧在电极（钨极或焊丝）和工件之间燃烧，利用电弧产生的热量熔化被焊处，并填充焊丝把两块分离的金属连接在一起，从而获得牢固的焊接接头。

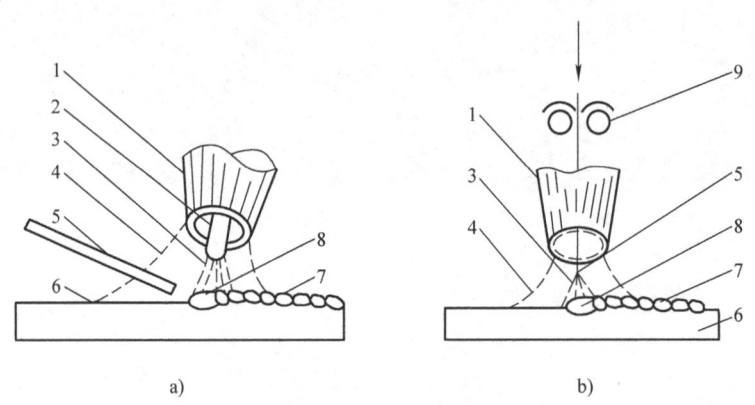

图 6-1　氩弧焊示意图
a) 钨极氩弧焊　b) 熔化极氩弧焊
1—喷嘴　2—钨极　3—电弧　4—氩气流　5—焊丝　6—焊件　7—焊缝　8—熔池　9—送丝滚轮

二、氩弧焊的分类

按照所用电极材料的不同，氩弧焊可分为熔化极氩弧焊和非熔化极氩弧焊。

熔化极氩弧焊又分为半自动焊和自动焊两种。熔化极半自动氩弧焊依靠手操纵焊枪，焊丝通过自动送丝机构经焊枪输出；熔化极自动氩弧焊则由传动机构带动焊枪行走，送丝机构自动送丝。

非熔化极氩弧焊是采用高熔点钨针作为电极,在氩气层流的保护下,依靠钨针与工件间产生的电弧来熔化焊丝和母材(一般焊丝在钨极前方填入)。非熔化极氩弧焊也称钨极氩弧焊,通常以 TIG 表示。

钨极氩弧焊按操作方式的不同又可分为手工钨极氩弧焊和自动钨极氩弧焊。在我国手工钨极氩弧焊应用广泛,它可以焊接各种钢材和非铁金属或用于重要产品的打底焊。

脉冲氩弧焊是在熔化极氩弧焊(MIG)或非熔化极氩弧焊(TIG)电源中加入脉冲装置,使焊接电流有规则的变化,即获得脉冲电流。用脉冲电流进行氩弧焊时称为脉冲氩弧焊,通常用来焊接较薄的工件。

三、氩弧焊的特点

1. 氩弧焊的优点

1)氩气是惰性气体,高温下不分解,与焊缝金属也不发生化学反应,不溶解于液态金属,故保护效果最佳,能有效地保护熔池金属,是一种高质量的焊接方法。

2)氩气是单原子气体,高温无二次吸放热分解反应,导电能力差,以及氩气流产生的压缩效应和冷却作用,使电弧热量集中,温度高。

3)氩弧焊热量集中,从喷嘴中喷出的氩气有冷却作用,故焊缝热影响区窄,焊件的变形小。

4)氩弧焊用氩气作保护,无熔渣,提高了工作效率且焊缝成形美观,质量好。氩弧焊明弧操作,熔池可见性好,便于观察和操作,技术容易掌握。

5)适合各种位置的焊接,容易实现机械化。

6)除钢铁金属外,可用于焊接不锈钢、铜、铝等非铁金属及其合金。

2. 氩弧焊的缺点

1)无论是氩气还是所用设备成本都高,因此氩弧焊目前主要用于不锈钢薄板、重要结构打底层及非铁金属的焊接。

2)氩气电离势高,引弧困难。尤其是 TIG 焊,需要采用高频引弧及稳弧装置等。

3)氩弧焊产生的紫外线强度是焊条电弧焊的 5~30 倍,在紫外线照射下,空气中氧分、氧原子互相撞击生成臭氧(O_3),其浓度为焊条电弧焊的 4.4 倍。

4)TIG 焊使用的钍钨极具有放射性。

5)氩弧焊产生的氮氧化物为焊条电弧焊的 7 倍。

【理论知识二】 焊接材料

一、焊丝

手工钨极氩弧焊时,焊丝是填充金属,它与熔化的母材混合形成焊缝;熔化极氩弧焊时,焊丝除上述作用外,还起传导电流、引弧和维持电弧燃烧的作用。

1. 对焊丝的要求

1)焊丝的化学成分应与母材的性能相匹配,而且要严格控制其化学成分、纯度和质量。

2）为了补偿焊接过程中化学成分的损失，焊丝的主要合金成分应比母材稍高。

2. 焊丝的分类

氩弧焊用焊丝主要分为钢焊丝和非铁金属焊丝两大类。

（1）钢焊丝　氩弧焊用的焊丝应尽量选用专用焊丝，以减少主要化学成分的变化，保证焊缝一定的力学性能和熔池液态金属的流动性，获得良好的焊缝成形，避免产生裂纹等缺陷。

（2）非铁金属焊丝　焊接铜、铝、镁、钛及其合金时，一般均采用与母材化学成分相当的填充金属作为氩弧焊焊丝。如没有合适的焊丝，可用与母材成分相同的薄板剪成小条当焊丝用。

3. 焊丝的使用与保管

（1）焊丝应与母材的化学成分相近　氩弧焊所用的焊丝一般应与母材的化学成分相近，不过从耐蚀性、强度及表面形状考虑，焊丝的成分也可与母材不同。异种母材（奥氏体与非奥氏体）焊接时所选用的焊丝，应考虑焊接接头的抗裂性和碳扩散等因素。如异种母材的组织接近，仅强度级别有差异，则选用的焊丝合金含量应介于两者之间，当有一侧为奥氏体不锈钢时，可选用含镍量较高的不锈钢焊丝。

（2）焊丝的清理　氩弧焊焊丝在使用前应采用机械方法或化学方法清除其表面的油脂、锈蚀等杂质，并使之露出金属光泽。

（3）焊丝的保管

1）焊丝应按类别、规格存放在清洁、干燥的仓库内，并有专人保管。

2）焊工领用焊丝时，应凭所焊产品的领用单，以免牌号和规格用错。

3）焊工领用焊丝后应及时使用，如放置时间较长，应重新清洗干净才能使用。

二、钨极

氩弧焊时，钨极作为电极，起传导电流、引燃电弧和维持电弧正常燃烧的作用。

1. 对钨极的要求

钨极应耐高温、导电性好、强度高，还应具有很强的发射电子能力（引弧容易、电弧稳定），很大的电流承载能力和寿命长、抗污染性好等特点。

钨极必须经过清洗抛光或磨光。清洗抛光指的是在拉拔或锻造加工之后，用化学清洗方法除去表面杂质。

2. 钨极的种类及规格

（1）钨极的种类　目前常用的钨极按其化学成分分为纯钨极、钍钨极和铈钨极三种。

1）纯钨极，其牌号是 W1、W2，价格不太昂贵，一般用在要求不严格的场合。使用交流电时，纯钨极电流承载能力较低，抗污染能力差，要求焊机有较高的空载电压，故目前很少采用。

2）钍钨极，其牌号是 WTh—7、WTh—10、WTh—15，具有电子发射率较高，电流承载能力较好，寿命较长并且抗污染性能较好，引弧比较容易，电弧比较稳定等优点。其缺点是成本较高，具有微量放射性。

3）铈钨极，其牌号是 WCe—20，与钍钨极相比，直流小电流焊接时易建立电弧，电弧燃烧稳定；弧柱的压缩程度较好，热量集中，烧损率低，修磨端部次数少，使用寿命长；最大许用电流高；并且放射性极低，是我国建议尽量采用的钨极。

（2）钨极的规格　常用钨极的规格以直径（mm）表示，通常有 0.5、1.0、1.6、2.0、2.5、3.2、4.0、5.0、6.3、8.0、10 等多种，制造厂家供给的钨极长度范围为 76～610mm。

3. 钨极端部几何形状及其加工

钨极端部的形状对焊接电弧燃烧的稳定性及焊缝的成形影响很大。

使用交流电时，钨极端部应呈半球形；在使用直流电时，钨极端部呈锥形或截头锥形易于高频引燃电弧，并且电弧比较稳定。

钨极端部的锥度也影响焊缝的熔深，减小锥角可减小焊道的宽度，增加焊缝的熔深。常用的钨极端部几何形状如图 6-2 所示。

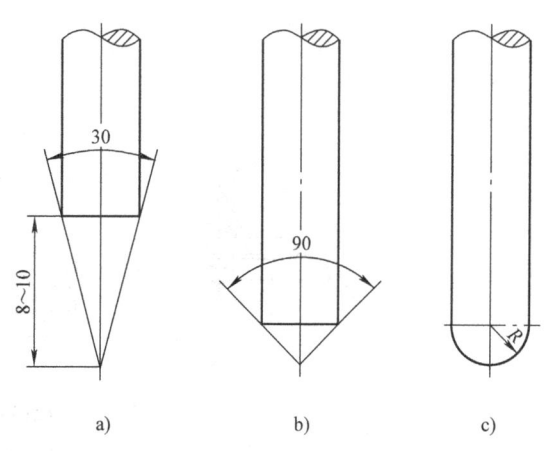

图 6-2　常用的钨极端部几何形状
a）小电流　b）大电流　c）交流电流

磨削钨极应采用专用的密封式或抽风式砂轮机，选用硬磨料精磨砂轮，保持钨极磨削后几何形状的均一性，磨削时焊工应带口罩，磨削完毕，应用肥皂和流动的水洗净手脸。

三、氩气

氩气（Ar）是一种无色、无味的单原子气体，密度是空气的 1.4 倍，是氦气的 10 倍。因为氩气比空气重，因此氩气能在熔池上方形成一层较好的覆盖层。另外在焊接过程中用氩气保护产生的烟雾较少，便于控制熔池和焊接电弧。

1. 对氩气纯度的要求

氩气是制氧的副产品。因为氩气的沸点介于氧、氮之间，差值很小，所以在氩气中常残留一定数量的其他杂质，按我国现行规定，其纯度应达到 99.99%。如果氩气的纯度低，在焊接过程中不但影响它对熔化金属的保护效果，而且极易使焊缝产生气孔、夹渣等缺陷，使焊接接头质量变坏，并使钨极的烧损量增加。

2. 氩气瓶

焊接用工业氩气以瓶装供应。瓶体外表面涂成灰色并注有绿色"氩"字标志字样。目前我国常用氩气瓶的容积为 33L、40L、44L，最高工作压力为 15MPa。

氩气瓶一般应直立放置，在使用过程中严禁敲击、碰撞；不得用电磁起重机搬运；夏季要防止日光曝晒，冬季瓶阀冻结时，不得用火烘烤；同时注意瓶内气体不能用尽。

【理论知识三】　氩弧焊设备

氩弧焊设备由焊接电源、控制装置、焊枪、供气和供水系统以及指示仪表等组成，如图

6-3 所示。自动钨极氩弧焊机还包括行走机构和送丝机构。手工熔化极氩弧焊机除没有行走机构外，与自动钨极氩弧焊机相同。

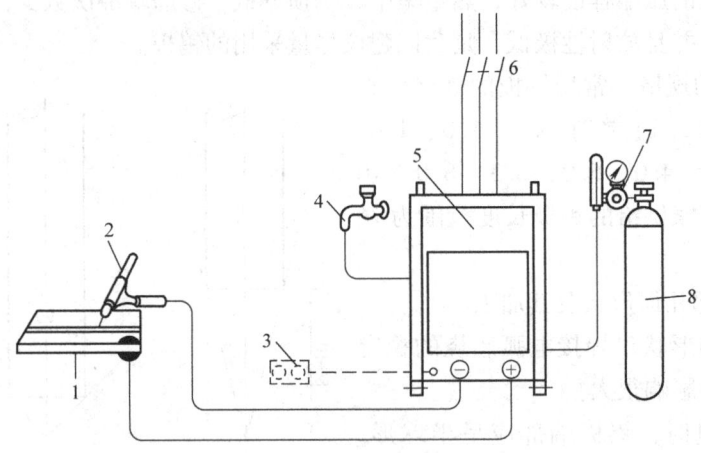

图 6-3　手工钨极氩弧焊设备示意图
1—焊件　2—焊枪　3—遥控盒　4—冷却水
5—电源与控制系统　6—电源开关　7—减压流量调节器　8—气瓶

一、电源与控制设备

1. 氩弧焊电源

因手工钨极氩弧焊电弧的静特性与焊条电弧焊相似，故任何具有陡降外特性曲线的弧焊电源都可以作氩弧焊电源。

2. 引弧装置

氩弧焊通常在交流电源中接入高频振荡器，在直流电源中接入脉冲引弧器，以便引燃电弧。

（1）高频振荡器　高频振荡器可输出 2000～3000V，150～260kHz 的高频高压电，其功率很小（100～200W）。当钨极与焊件距离 2mm 左右就能使电弧引燃。

高频振荡器和焊接变压器可以并联，也可以串联使用。高频长期通过人体将对健康不利，另外振荡器发出的电磁波对无线电台有干扰，所以引弧后应立即切断振荡器电源。

（2）高压脉冲引弧器　高压脉冲引弧器大多是由高压脉冲发生器和脉冲触发器两部分组成。常在直流电源中接入脉冲引弧装置。

3. 稳弧装置

交流电源焊接时，交流电弧燃烧的稳定性不如直流电弧。其主要原因是交流电源以 50Hz 的交流电供给电弧电压和焊接电流。每秒有 100 次经过零点，使电极的电子发射能力和气体的电离程度减弱，甚至熄弧。只有在交流电源上加接稳弧装置，方可保证电弧稳定燃烧，通常采用脉冲稳弧器。

4. 控制系统

氩弧焊的控制系统主要用来控制和调节气、水、电的各个参数以及启动和停止焊接之用。不同的操作方式有不同的控制程序,基本上是按照下列程序进行。

当按动启动开关时,接通电磁气阀使氩气通路,经短暂延时后,同时接通主电路和高频引弧器,给电极和工件输送空载电压,并使电极和工件之间产生高频火花并引燃电弧。若为直流焊接,则高频引弧器立即停止工作;若为交流焊接,则高频引弧器仍然继续工作。电弧建立之后,即进入正常的焊接过程。当启动开关断开时,焊接电流衰减,经过一段延时后,主电路电源切断,同时焊接电流消失,引弧器停止工作;再经过一段延时,电磁气阀断开,氩气断路,此时焊接过程结束。

手工钨极氩弧焊的控制系统必须保证上述动作顺序,并做到各段延时均匀可调。

二、氩弧焊焊枪

氩弧焊焊枪主要用来传导焊接电流、装夹钨极、输出保护气体、启动或停止整机的工作系统。手工钨极氩弧焊焊枪由枪体、钨极夹头、夹头套筒,绝缘帽和喷嘴等几部分组成。

1. 氩弧焊焊枪的分类

1)按不同电极类别可分为钨极氩弧焊焊枪和熔化极氩弧焊焊枪两类。

2)按操作方式可分为手工、自动钨极氩弧焊焊枪和半自动、自动熔化极氩弧焊焊枪四类。

3)按冷却方式可分为水冷式和气冷式氩弧焊焊枪两类。

2. 水冷式系列手工钨极氩弧焊焊枪的特点

1)该系列焊枪采用循环水冷却的导电枪体及焊接电缆,这样可以增大导电部件的电流密度,并减轻重量,缩小焊枪体积,所以水冷式系列焊枪一定有冷却水的进、出水管。

2)钨极是借轴向压力来紧固的,通过旋电极帽盖,可使电极夹头紧固或放松,因此装卸钨极很容易。

3)每把焊枪带有2~3个不同孔径的钨极夹头,可配用不同直径的钨极,以适应不同焊接电流的需要。

4)每把焊枪各带高、矮不同的两个帽盖,可适用于不同长度的钨极(最长160mm)和不同场合的焊接。

5)出气孔是一圈均布的径向或轴向小孔,使保护气体喷出时形成层流,有效地保护金属熔池不被氧化。

6)焊枪手把上装有微动开关、按钮开关或船形开关,可避免操作者手指的过度疲劳和因失误而影响焊接质量。

7)为保证使用时安全可靠,必须使冷却水顺利流通,并接好电缆线和水管。

QS—85°/250 型水冷式氩弧焊焊枪结构如图6-4所示。

QQ—85°/150—1 型气冷式氩弧焊焊枪结构如图6-5所示。

3. 手工钨极氩弧焊焊枪的选用

选用焊枪时应考虑以下几个因素:焊接材料、工件厚度、焊接层次、焊接电源的极性、额定焊接电流及钨极直径、焊接坡口的形式、焊接速度、经济性等。

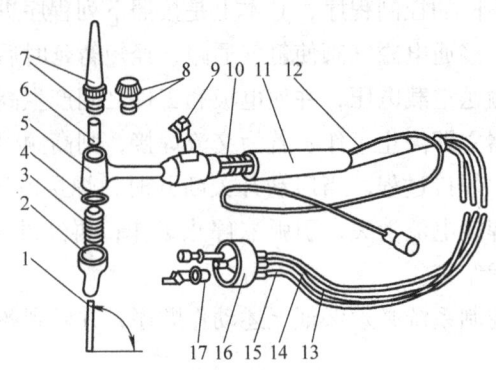

图6-4　QS—85°/250型水冷式氩弧焊焊枪结构

1—钍钨极　2—陶瓷喷嘴　3—导流件　4、8—密封圈　5—枪体　6—钨极夹头　7—盖帽　9—船形开关　10—扎线　11—手把　12—插头　13—进气皮管　14—出水皮管　15—水冷缆管　16—活动接头　17—水电接头

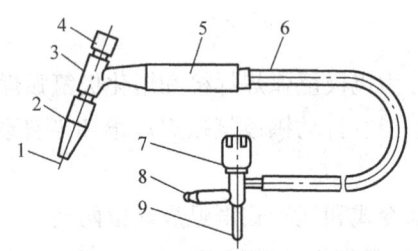

图6-5　QQ—85°/150—1型气冷式氩弧焊焊枪

1—钨极　2—陶瓷喷嘴　3—枪体　4—短帽　5—手把　6—电缆　7—气开关手轮　8—通气接头　9—通电接头

三、氩气流量调节器

瓶装氩气充气压力一般达到15MPa。由于装瓶氩气的压力很高，而工作时所需压力较低，因而需用一个减压阀将高压氩降至工作压力，且使整个焊接过程中氩气工作压力稳定，不会因瓶内压力的降低或氩气流量的增减而影响工作压力。使用氩气流量调节器不仅能起到降压和稳压的作用，而且可方便地调节氩气流量。

四、氩弧焊设备的保养和故障处理

氩弧焊设备的正确使用和维护保养是保证焊接设备具有良好的工作性能和延长使用寿命的重要因素之一，因此必须加强对氩弧焊设备的保养工作。

1. 氩弧焊设备的保养

1）焊机应按外部接线图正确安装，并应检查铭牌电压值与网路电压值是否相符，不相符时严禁使用。

2）焊接设备在使用前，必须检查水、气管的连接是否良好，以保证焊接时正常供水、供气。

3）焊机外壳必须接地，未接地或地线不合格时不准使用。

4）应定期检查焊枪的钨极夹头是否夹紧和喷嘴的绝缘性能是否良好。

5）氩气瓶不能与焊接场地靠近，同时必须固定，防止倾倒。

6）工作完毕或临时离开工作场地，必须切断焊机电源，关闭水源及气瓶阀门。

7）必须建立健全焊机一、二级设备保养制度，并定期进行保养。

8）焊工工作前，应先看懂焊接设备的使用说明书，掌握焊接设备的一般构造和正确的使用方法。

2. 钨极氩弧焊设备的常见故障和消除方法

钨极氩弧焊设备常见故障有水、气路堵塞或泄漏；钨极不洁引不起电弧，焊枪钨极夹头未旋紧，引起电流不稳；焊枪开关接触不良使焊接设备不能启动等，这些应由焊工排除。另一部分故障如焊接设备内部电子元件损坏或其他机械故障，焊工不能随便自行拆修，应由电工、钳工进行检修。钨极氩弧焊机常见故障和消除方法见表6-1。

表6-1　钨极氩弧焊机的故障及处理方法

故障特征	产生原因	消除方法
电源开关接通，指示灯不亮	开关损坏 熔断器烧断 控制变压器损坏 指示灯损坏	更换开关 更换熔断器 修复 更换指示灯
控制线路有电，但焊机不能启动	焊枪的开关接触不良 继电器出故障 控制变压器损坏	检修 检修 检修
焊机启动后，振荡器放电但引不起电弧	网路电压太低 接地线太长 焊件接触不良 无气、钨极及工件表面不洁、间距不合适、钨极太钝等 火花塞间隙不合适 火花头表面不洁	提高网路电压 缩短接地线 清理焊件 检查气、钨极等是否符合要求 调火花塞的间隙 清洁火花头表面
焊机启动后，无氩气输送	按钮开关接触不良 电磁气阀出现故障 气路不通 控制线路故障 气体延时线路故障	清理触头 检修 检修 检修 检修
电弧引燃后，焊接过程中电弧不稳	脉冲稳弧器不工作，指示灯不亮 消除直流分量的元件故障 焊接电源的故障	检修 检修或更换 检修

若冷却方式选择开关置于空冷位置时焊机能正常工作，而置于水冷时则不能（且水流量又大于1L/min），处理的方法是打开控制箱底板，检查水流开关的微动是否正常，必要时可进行位置调整。

【理论知识四】 焊接参数的选择

氩弧焊焊缝的坡口形式为：厚度≤3mm 的碳钢、低合金钢、不锈钢、铜及其合金的对接接头以及厚度≤2.5mm 的高镍合金，一般开 I 形坡口；厚度在 3~12mm 的上述材料，可开 V 形和 Y 形坡口。

V 形坡口的角度要求如下：碳钢、低合金钢与不锈钢的坡口角度为 60°，高镍合金为 80°，交流电焊接铝及其合金时通常为 90°。

手工钨极氩弧焊的主要焊接参数有钨极直径、焊接电流、电弧电压、焊接速度、电源种类和极性、钨极伸出长度、喷嘴直径、喷嘴与工件间距离及氩气流量等。

一、焊接电流与钨极直径

钨极氩弧焊的焊接电流是最主要的焊接参数，一般应根据工件厚度选择焊接电流。不锈钢和耐热钢手工氩弧焊的焊接电流选择见表 6-2。

表 6-2 不锈钢和耐热钢手工氩弧焊的焊接电流选择

材料厚度/mm	钨极直径/mm	焊丝直径/mm	焊接电流/A
1.0	2	1.6	40~70
1.5	2	1.6	50~85
2.0	2	2.0	80~130
3.0	2~3	2.0	120~160

手工钨极氩弧焊用钨极直径也是一个比较重要的参数，因为钨极的直径决定了焊枪的结构尺寸、重量和冷却形式，直接影响焊工的劳动条件和焊接质量。因此必须根据焊接电流选择合适的钨极直径。

如果钨极较粗，焊接电流很小，由于电流密度低，钨极端部温度不够，电弧会在钨极端部不规则的飘移，破坏了保护区，熔池被氧化。表 6-3 给出了不同钨极直径允许使用的焊接电流值。

表 6-3 不同钨极直径允许使用的焊接电流值

钨极直径/mm	焊接电流/A					
	交流		直流正接		直流反接	
	纯钨	加入氧化物的钨	纯钨	加入氧化物的钨	纯钨	加入氧化物的钨
0.5	5~15	5~20	5~20	5~20		
1.0	15~55	15~70	10~75	15~80		
1.6	50~100	60~125	40~130	60~150	10~20	10~20
2.0	65~125	85~160	75~180	100~200	15~25	15~25
2.5	80~140	120~210	130~230	170~250	15~30	15~30
3.2	150~190	180~270	160~310	230~330	20~35	20~35
4.0	180~260	240~350	280~450	350~480	35~50	35~50
5.0	250~350	330~460	400~620	500~680	50~70	50~70

焊接电流和钨极直径确定后，还应根据电弧情况来判断其数值是否合适。电流合适时，

电弧稳定，焊缝成形良好；电流过小，电弧飘动；电流过大钨极端部易发热，甚至可看到钨极端部出现熔化迹象，熔化了的钨极易脱落到熔池形成夹钨，并且电弧很不稳定，焊接质量差。

二、电弧电压

电弧电压主要由弧长决定，弧长增加，焊缝宽度增加，熔深稍减小，但电弧太长时，容易引起未焊透及咬边缺陷，而且保护效果也不好。电弧也不能太短，电弧太短时很难看清熔池，而且送丝时容易碰到钨极引起短路，使钨极受污染，加大其烧损，还容易产生夹钨缺陷，故通常使弧长近似等于钨极直径。

三、焊接速度

焊接速度增加时，熔深和熔宽减小，焊接速度太快，容易产生未焊透，且焊缝高而窄，两侧熔合不好，焊接速度太慢时，焊缝很宽，还可能产生烧穿缺陷。

手工钨极氩弧焊时，通常都是焊工根据熔池的大小、熔池形状和两侧熔合情况随时调整焊接速度。调整时应考虑以下因素：

1) 在焊接铜、铝合金以及高导热性金属时，为减少变形，应采用较快的焊接速度。
2) 焊接有裂纹倾向的合金时，不能采用高速度焊接。
3) 除平焊位置焊接，为保证较小的熔池，避免铁液下流，尽量选择较快的焊接速度。

四、焊接电源种类和极性的选择

氩弧焊采用的电源种类和极性与所焊金属及其合金种类有关。有些金属只能用直流正极性或反极性，有些交直流都可使用。因而需根据不同的材料选择电源和极性，具体内容见表6-4。

表6-4 焊接电源种类与极性的选择

电源种类与极性	被焊金属材料
直流正极性	低合金高强度钢、不锈钢、耐热钢、铜、钛及其合金
直流反极性	适用各种金属的熔化极氩弧焊
交流电源	铝、镁及其合金

直流正极性时，工件接正极，温度较高，适用于焊接厚工件及散热快的金属。

采用交流电源焊接时，具有阴极破碎作用，即工件为负极时，因受到正离子的轰击，使工件表面的氧化膜破裂，液态金属容易熔合在一起，故通常用交流钨极氩弧焊来焊接氧化性强的铝、镁及其合金。

五、喷嘴直径与氩气流量

喷嘴直径（指内径）越大，保护区范围越大，要求保护气的流量也越大。喷嘴直径（或内径）一般在5~20mm范围内选用。也可按下式进行计算：

$$D = (2.5 \sim 3.5)d_W$$

式中 D——喷嘴直径或内径（mm）；

d_w——钨极直径（mm）。

当喷嘴直径确定后，决定保护效果的是氩气流量。若氩气流量太小，保护气流软弱无力，保护效果不好；氩气流量太大，容易产生不规则紊流，也会降低保护效果。氩气流量合适时，喷出的气流是层流，保护效果最好。通常氩气流量可在 3~20L/min 范围内选用，也可按下式进行计算：

$$Q = (0.8 \sim 1.2)D$$

式中　Q——氩气流量（L/min）；

　　　D——喷嘴直径（mm）。

注：D 小时 Q 取下限；D 大时 Q 取上限。

在焊接过程中，还可以通过焊缝颜色来判断氩气的保护效果，氩气流量合适时，熔池平稳，表面明亮没有渣，焊缝外形美观，表面没有氧化痕迹；若氩气流量不合适，熔池表面上有渣，焊缝表面发黑或有氧化皮。不锈钢和铝合金气体保护效果见表6-5。

表6-5　不锈钢和铝合金气体保护效果

	最好	良好	一般	差
不锈钢	银白、金黄色	蓝色	红灰色	黑色
铝合金	银白	—	—	黑灰色

六、钨极伸出长度

为了防止电弧过热烧坏喷嘴，钨极端部应突出喷嘴以外。钨极端头至喷嘴端面的距离叫钨极伸出长度。

钨极伸出长度越小，喷嘴与工件间距离越近，保护效果越好，但过近会妨碍观察熔池。通常焊对接焊缝时，钨极伸出长度为 4~5mm 较好；焊角焊缝时，钨极伸出长度为 5~7mm 较好。

七、喷嘴与工件间距离

喷嘴与工件间距离指的是喷嘴端面和工件之间的距离，这个距离越小，保护效果越好，但能观察的范围和保护区都小；这个距离越大，保护效果越差。一般此距离不超过15mm。

八、焊丝直径

根据焊接电流的大小，选择焊丝直径。焊接电流与焊丝直径的关系见表6-6。

表6-6　焊接电流与焊丝直径的关系

焊接电流/A	焊丝直径/mm	焊接电流/A	焊丝直径/mm
10~20	<1.0	200~300	2.4~4.5
20~50	1.0~1.6	300~400	3.0~6.0
50~100	1.0~2.4	400~500	4.5~8.0
100~200	1.6~3.0		

九、焊丝与焊枪的运动方向

根据焊丝与焊枪的运动方向不同，可分为左向焊与右向焊。左向焊与右向焊方法如图6-6所示。

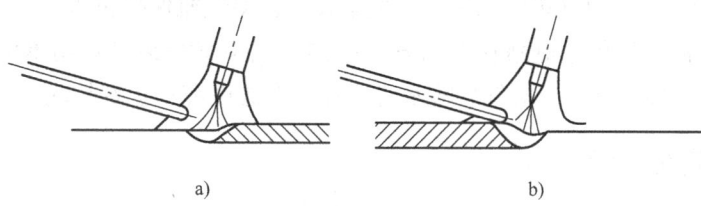

图6-6　左向焊与右向焊
a）左向焊　b）右向焊

在焊接过程中，焊丝与焊枪由右端向左端移动，焊接电弧指向未焊部分，焊丝位于电弧运动的前方，称为左焊法。如在焊接过程中，焊丝与焊枪由左端向右端焊接，焊接电弧指向已焊部分，填充焊丝位于电弧运动的后方，则称为右焊法。

左向焊法焊工视线不受阻碍，便于观察和控制熔池；熔深小，有利于焊接薄件；操作简单方便、初学者容易掌握。这种方法应用很普遍。右向焊法熔池冷却缓慢，有利于改善焊缝金属组织，减少气孔和夹渣；熔深大，适合于焊接厚度较大，熔点较高的焊件。但不易掌握，焊工一般不喜欢用。

【理论知识五】　氩弧焊的安全生产知识

一、焊机的焊前与焊后检查

1. 焊机的焊前检查

（1）检查水路　在检查有水且水管无破损的情况下，开启水阀，检查水路是否畅通，并确定好流量。

（2）检查气路

1）检查氩气钢瓶颜色是否符合规定（国家标准规定氩气钢瓶为灰色），钢瓶上是否有质量合格标签，钢瓶内是否有氩气。

2）按规定装好减压表，开启氩气瓶阀门，检查减压表及流量计工作是否正常，并按工艺要求，调整流量计达到所需流量。

3）检查气管有无破损，接头处是否漏气。

（3）检查电路

1）检查控制箱及焊接电源接地（或接零）情况。

2）合闸送电要注意站在刀闸开关一侧，戴手套穿绝缘鞋用单手合闸送电。

3）启动控制箱电源开关，空载检查各部分工作状态。如发现异常情况，应通知电工及时检修；如无异常情况，即可进行下一步工作。

2. 焊机的负载检查

在正式操作前，应对设备进行一次负载检查。主要通过短时焊接，进一步检查水路、气路、电路系统工作是否正常,进一步发现空载无法暴露的问题。

3. 焊机的焊后检查

(1) 关闭水阀。

(2) 关闭气路　关闭氩气瓶高压气阀,再松开减压表螺钉。要注意气瓶内氩气不得全部用尽,至少保留 0.1~0.3MPa 气压,并关紧阀门,使气瓶保持正压。

(3) 关闭电源　操作者应站在刀闸开关一侧,戴手套穿绝缘鞋用单手拉断电源;关闭控制箱电源开关;将焊枪连同输气、输水管、控制多芯电缆等盘好挂起。

二、焊接安全知识

1) 工作前要穿好工作服和胶鞋,工作服最好用粗毛织品或耐腐蚀性强的非棉织品。

2) 在引弧或焊接时,要注意挡好避光屏,以免强烈的弧光伤害别人。

3) 室内焊接场地,必须配置良好的通风设备。

4) 因钍有放射性,故要求磨削钍化钨极的砂轮机必须装有除尘设备或良好的抽风装置。

5) 焊接过程中避免钨极与焊件短路。

6) 氩弧焊操作每次连续工作的时间不要过长,每台焊机可配两名焊工轮换工作。

7) 为了防止金属烟尘及有害气体的吸入,可佩戴专用的静电口罩。

8) 更换钨极时要等到焊枪冷却后进行,防止烫伤。

9) 工作完毕或临时离开工作场地,必须切断焊机电源及气门、水门开关,检查工作现场确认无事故隐患后方可离开。

课题二　手工钨极氩弧焊的基本操作

手工钨极氩弧焊的基本操作包括引弧、焊接、填丝、接头和收弧。本课题以不锈钢板平敷焊为例分别介绍其操作要点。

【实训任务】

1. 掌握手工钨极氩弧焊引弧方法的操作要点。

2. 掌握手工钨极氩弧焊填丝、接头和收弧的操作要点。

【技能训练】

一、设备及材料

1. 设备

焊接设备有手工钨极氩弧焊机 WS—200、氩气瓶、AT—15 型氩气流量调节器和气冷式焊枪。

2. 焊件

焊件为不锈钢板(1Cr18Ni9Ti),规格为 200mm×200mm×2mm。

3. 焊接材料

焊接材料有铈钨极,直径为 2mm,焊丝为 H1Cr18Ni9Ti,直径为 2mm。

4. 辅助工具

辅助工具有头盔式面罩、9号电焊镜片、皮工作服、绝缘鞋和绝缘手套。

二、实训步骤及操作要点

1. 焊接前的准备

1）氩弧焊对油污、铁锈很敏感，必须重视焊件的焊前清理，可用汽油或丙酮清洗焊件表面的油污，直至露出金属光泽。

2）去除焊丝表面的油污、铁锈及其他污物，校直焊丝。

3）将钨极的端部修磨成20°~25°锥角。

4）电源极性为直流正接。

5）在焊件上用直尺划线。

2. 焊枪及焊丝角度

焊枪及焊丝角度如图6-7所示。

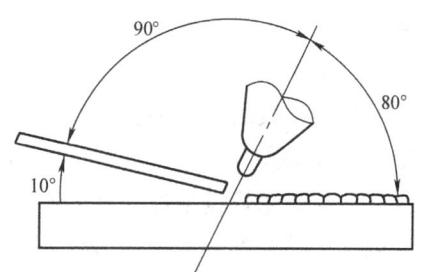

图6-7 不锈钢板平敷焊焊枪及焊丝角度

3. 焊接参数

手工钨极氩弧焊平敷焊的焊接参数见表6-7。

表6-7 手工钨极氩弧焊平敷焊的焊接参数

焊接电流/A	氩气流量/（L/min）	焊接速度/（mm/min）	喷嘴直径/mm	喷嘴至焊件距离/mm
60~80	4~6	80~100	10	8~10

4. 引弧

手工钨极氩弧焊生产中，通常采用引弧器进行引弧。在使用具有引弧器装置的氩弧焊设备时，先在钨极与待焊处保持一定距离，然后接通引弧器，在高频电流或高压脉冲电流的作用下，使氩气电离而引燃电弧。这种引弧方法的优点是能在焊接位置直接引弧，钨极端头的完整性好，钨极损耗小，且引弧端头焊接质量高。

5. 焊接

焊接采用左向焊法，用右手握焊枪，食指和拇指夹住枪身前部，其余三指触及焊件作为支点，也可用其中两指或一指作支点。要稍用力握住，这样能使焊接电弧稳定。左手持焊丝，严防焊丝与钨极接触，若焊丝与钨极接触，易产生飞溅、夹钨，影响气体保护效果，焊道成形差。

填丝分为连续填丝和断续填丝两种，连续填丝时，要求焊丝比较平直，用左手拇指、食指、中指配合动作送丝，无名指和小指夹住焊丝控制方向。连续填丝对气体保护层的扰动小，但比较难掌握，当填丝量较大时多采用此法。断续填丝以左手拇指、食指、中指捏紧焊丝，焊丝末端应始终处于氩气保护区内。填丝动作要轻，靠手臂和手腕的上、下反复动作，将焊丝端部的熔滴送入熔池，全位置焊时多用此法。

为使熔敷金属和母材金属很好地熔合，电弧引燃后不要立即送入焊丝，要稍停留一定时间，使母材金属形成熔池后，再填入焊丝。

6. 停弧和接头

停弧时，先停止送丝，同时松开焊枪上的按钮开关。此时利用焊机上的电流衰减控制功能，保持喷嘴高度不变，待电弧熄灭、熔池冷却后再移开焊枪和焊丝，以防止弧坑、焊道及焊丝端部高温氧化。

接头是两段焊缝交接的地方，由于温度的差别和填充金属量的变化，易出现超高、缺肉、夹渣（夹杂）、气孔等缺陷。所以焊接时应计划好焊丝长度，尽量不要在焊接过程中更换焊丝，以减少停弧次数。如确需进行接头时，应控制好接头质量，保证接头处要平缓过渡，不能有死角。

7. 收弧

焊接结束时，如果收弧的方法不正确，在收弧板处容易产生弧坑和弧坑裂纹、气孔以及烧穿等缺陷。

一般氩弧焊设备都配有电流自动衰减装置，若无电流衰减装置时，通常要改变操作方法来收弧，其基本要点是逐渐减少热量输入，如改变焊枪角度，拉长电弧，加快焊速等。对于管子封闭焊缝，最后的收弧一般应稍拉长电弧，重叠焊缝 20~40mm，在重叠部分不加或少加焊丝。

停弧后，氩气开关应延时 3~5s 左右再关闭（一般设备上都有提前送气、滞后关气的装置），防止金属在高温下继续氧化。

三、注意事项

1）操作姿势要正确。
2）钨极端部严禁与焊丝相接触，避免短路。
3）焊道成形应美观，均匀一致，笔直度好，鱼鳞波纹清晰。
4）注意氩气保护效果，使焊道表面有光泽。
5）要求焊道无粗大的焊瘤。

四、质量评定

1）焊道的起头部位不过高、无气孔、与母材熔合良好。
2）焊道波纹要均匀一致，高度差 <1mm，与母材过渡圆滑。
3）焊道接头处基本平滑，无过高或凹坑。
4）焊道收尾处弧坑要填满，无气孔、裂纹。

课题三 不锈钢薄板平角焊

【实训任务】
1. 掌握不锈钢薄板平角焊的定位焊和装配焊的技术要求。
2. 掌握不锈钢薄板平角焊焊接参数的选择。
3. 掌握不锈钢薄板平角焊时焊丝、焊枪与焊件的夹角和倾角。

【技能训练】

一、设备及材料

1. 设备

焊接设备有手工钨极氩弧焊机 WS—200、氩气瓶、AT—15 型氩气流量调节器和气冷式焊枪。

2. 焊件

焊件为不锈钢板（1Cr18Ni9Ti），规格为 200mm×200mm×2mm。

3. 焊接材料

焊接材料有铈钨极，直径为 2mm，焊丝为 H1Cr18Ni9Ti，直径为 2mm。

4. 辅助工具

辅助工具有头盔式面罩、9 号电焊镜片、皮工作服、绝缘鞋和绝缘手套。

二、实训步骤及操作要点

1. 焊接前的准备

1）氩弧焊对油污、铁锈很敏感，必须重视焊件的焊前清理，可用汽油或丙酮清洗焊件表面的油污，直至露出金属光泽。

2）去除焊丝表面的油脂、铁锈及其他污物，校直焊丝。

3）钨极的端部修磨成 20°~25°锥角。

4）电源极性为直流正接。

5）2mm 板平角焊的定位焊缝间距应为 40~60mm，定位焊缝长度≤10mm。

定位焊缝必须与正式焊缝采用相同的焊接材料和焊接方法，不允许有缺陷。如果定位焊缝上发现裂纹、气孔等缺陷，应将该段焊缝打磨掉重焊，不允许用重熔的办法修补。定位焊缝不能太高，以免焊接到此处接头困难。定位焊后要进行校正，这是焊接过程中不可少的，它对提高焊接质量起着很重要的作用，是保证焊件尺寸、形状和间隙大小以及防止烧穿的关键。

2. 焊接层次及焊接参数

焊接层次为单层单道，焊接参数见表 6-8。

表 6-8 不锈钢薄板平角焊的焊接参数

焊接电流/A	氩气流量/（L/min）	焊接速度/（mm/min）	喷嘴直径/mm	喷嘴至焊件距离/mm
90~100	4~6	80~100	10	8~10

3. 焊枪和焊丝的角度

平角焊时焊枪和焊丝的角度如图 6-8 所示。

4. 焊接方法及要点

用左焊法，焊丝、焊枪与焊件之间的相对位置如图 6-8 所示，进行内平角焊时，由于液体金属多流向水平面，很容易使垂直面产生咬边。因此焊枪与水平板夹角应大些，一般为

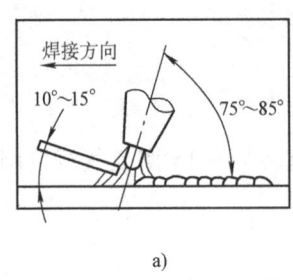 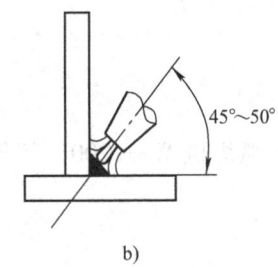 

图 6-8 不锈钢薄板平角焊焊枪和焊丝的角度

45°。钨极端部偏向水平面上，使熔池温度均匀。焊丝与水平面夹角为 10°~15°。焊丝端部应偏向垂直板，若两焊件厚度不相同时，焊枪应偏向厚板一边。在焊接过程中，要求焊枪运行平稳，送丝均匀，保持焊接电弧稳定燃烧，以保证焊接质量。

停弧：当焊丝用完或因其他原因停止焊接需要停弧时，先停止焊丝，同时松开焊枪上的按钮开关。此时利用焊机上的电流衰减控制功能，保持喷嘴高度不变，待电弧熄灭、熔池冷却后再移开焊枪和焊丝，防止弧坑、焊道及焊丝端部高温氧化。

接头：接头时引弧的位置在原弧坑后面 10~15mm 处，重叠处一般不加或少加焊丝。

收弧：当焊接到焊件左侧末端，应先减小焊枪角度，使电弧热量集中在焊丝上，加大焊丝熔化量，填满弧坑。然后切断控制开关，焊接电流开始衰减，熔池随之不断缩小，此时将焊丝抽离熔池，但绝不能使焊丝脱离氩气保护区，待氩气延时 3~5s 后，移开焊枪和焊丝。

在相同的条件下，角焊缝所用的焊接电流比平对接焊时稍大些。如果电流过大，容易产生咬边，而电流过小则会产生未焊透等缺陷。

5. 船形焊

船形焊可避免平角焊时由于液体金属流到水平面而导致焊缝成形不良的缺陷。手工钨极氩弧焊船形焊时氩气对熔池保护性好，可采用大电流，使熔深增加，而且操作简单，焊缝成形好。

三、质量评定

1）焊缝应无裂纹、未熔合、焊瘤等缺陷。

2）夹渣、气孔应≤1.5mm。

3）焊脚尺寸应在 3~5mm 之间，焊脚差≤2mm。

4）表面凹凸度应≤1mm，咬边深度≤0.5mm，背面凹坑深度≤1mm，未焊透深度≤0.75mm。

课题四 不锈钢薄板对接焊

手工钨极氩弧焊焊接板件时，通常是薄板的焊接或是重要结构的打底层。本课题仅以不锈钢薄板对接焊为例介绍其操作要点。手工钨极氩弧焊是明弧操作，可见性好，便于观察和控制熔池。在不同的焊缝空间位置上焊接方法和焊接参数变化不大，只要适当调整焊丝和焊枪与焊件的夹角和倾角即可。

【实训任务】

1. 掌握不锈钢板—板对接焊的定位焊和装配焊的技术要求。
2. 掌握不锈钢板—板对接焊不同位置时焊接参数的选择。
3. 掌握不锈钢板—板对接焊不同位置时焊丝、焊枪与焊件的夹角和倾角变化。

【技能训练】

一、设备及材料

1. 设备

焊接设备有手工钨极氩弧焊机 WS—200、氩气瓶、AT—15 型氩气流量调节器和气冷式焊枪。

2. 焊件

焊件为不锈钢板（1Cr18Ni9Ti），规格为 200mm×100mm×1.5mm。

3. 焊接材料

焊接材料有铈钨极，直径为 1.6mm，焊丝为 H1Cr18Ni9Ti，直径为 2mm。

4. 辅助工具

辅助工具有头盔式面罩、9 号电焊镜片、皮工作服、绝缘鞋和绝缘手套。

二、实训步骤及操作要点

1. 焊接前的准备

1）氩弧焊对油污、铁锈很敏感，必须重视焊件的焊前清理，可用汽油或丙酮清洗焊件表面的油污，直至露出金属光泽。

2）去除焊丝表面的油污、铁锈及其他污物，校直焊丝。

3）将钨极的端部修磨成 20°~25°锥角。

4）电源极性为直流正接。

5）装配与定位焊的反变形角度为 3°~5°，根部间隙为 0~0.5mm，错边量≤0.2mm。

为了防止焊接过程中定位焊缝开裂和减小焊接变形，应保证定位焊缝的长度和数量。定位焊缝长度≤10mm，定位焊缝的数量根据焊缝间距而定，焊缝间距可按表 6-9 选择。

表 6-9 定位焊缝的间距　　　　　　　　　　（单位：mm）

焊件厚度	0.5~0.8	1~2	>2
定位焊缝间距	≈20	50~100	200

2. 焊接层次及焊接参数

焊接层次为单层单道，焊接参数见课题二表 6-7。

3. 焊枪和焊丝的角度

不同焊接位置的焊枪和焊丝角度分别如图 6-9、图 6-10、图 6-11、图 6-12 所示。

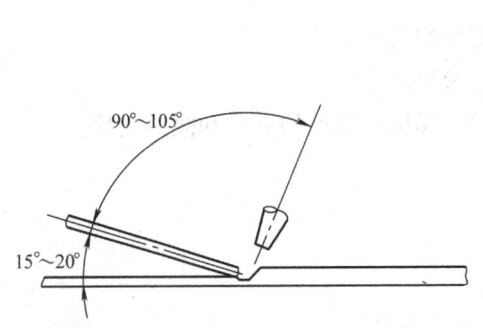
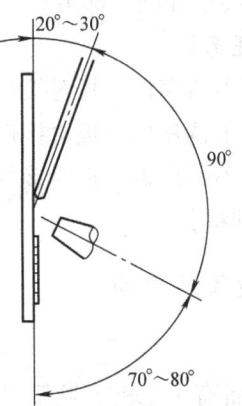

图 6-9　不锈钢薄板平对接焊焊枪和焊丝的角度　　图 6-10　不锈钢薄板立对接焊焊枪和焊丝的角度

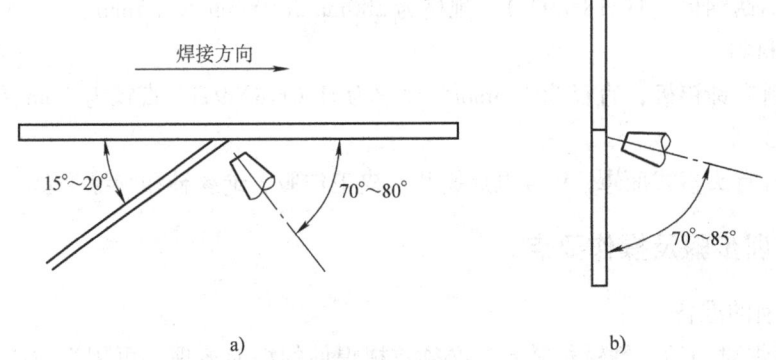

图 6-11　不锈钢薄板横对接焊焊枪和焊丝的角度
a) 焊枪、焊丝倾角　b) 焊枪夹角

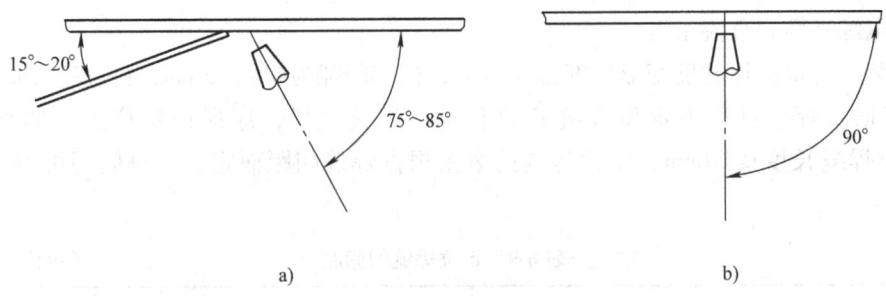

图 6-12　不锈钢薄板仰对接焊焊枪和焊丝的角度
a) 焊枪、焊丝倾角　b) 焊枪夹角

4. 焊接方法及要点

焊接方法为左焊法，并注意采用短弧焊接。首先在焊件右端定位焊缝端部引弧，稍作停顿对坡口根部进行加热，待焊缝端部及坡口根部熔化并形成一个整体熔池后再填丝。填丝时，尽量将焊丝沿间隙送入坡口根部，电弧沿间隙伸入根部向左移动进行焊接。焊接过程中，焊枪、焊丝的角度要保持一致，并注意观察熔池的变化，防止产生烧穿、塌陷和未焊透等缺陷。当母材焊透、背面形成焊缝时，由于重力使熔池有一定的下沉。如果熔池下沉过多，正面焊缝凹陷，则表示背面已焊漏；如果熔池不下沉，或下沉很小，正面焊缝余高增加，说明背面未焊透。若出现上述现象，应及时调整焊枪角度和填丝频率，以便调整熔池温度，保证焊缝成形良好，防止焊接缺陷的产生。

停弧：停弧时，先停止送丝，同时松开焊枪上的按钮开关。此时利用焊机上的电流衰减控制功能，保持喷嘴高度不变，待电弧熄灭，熔池冷却后再移开焊枪和焊丝，防止弧坑、焊道及焊丝端部高温氧化。

接头：接头时引弧的位置在原弧坑后面 10～15mm 处，重叠处一般不加或少加焊丝；熔池要贯穿到接头的根部，以确保接头处熔透。

收弧：当焊接到焊件左侧末端，应先减小焊枪角度，使电弧热量集中在焊丝上，加大焊丝熔化量，填满弧坑；然后切断控制开关，焊接电流开始衰减，熔池随之不断缩小，此时将焊丝抽离熔池，但绝不能使焊丝脱离氩气保护区，待氩气延时 3～5s 后，再关闭气阀，移开焊枪和焊丝。

三、质量评定

1）焊缝要无裂纹、未熔合、烧穿等缺陷，焊缝余高不低于母材表面。
2）夹渣、气孔应≤0.5mm。
3）焊缝宽度应≤8mm，焊缝宽度差、余高、背面余高、余高差应≤3mm。
4）咬边深度应≤0.5mm，熔合不良≤1.5mm，背面凹坑≤0.5mm。
5）错边量应≤0.2mm，角变形＜3°。

课题五　小直径管对接焊

手工钨极氩弧焊焊接管子时，一般为薄壁管或是重要结构的打底层。本课题主要讲解小直径管水平转动、水平固定和垂直固定手工钨极氩弧焊的操作技术。

【实训任务】
1. 掌握手工钨极氩弧焊管对接焊的定位焊和装配焊的技术要求。
2. 掌握手工钨极氩弧焊管对接焊不同位置时焊接参数的选择。
3. 掌握手工钨极氩弧焊管对接焊不同位置时打底层与盖面层的操作要点。
【技能训练】

一、设备及材料

1. 设备
焊接设备有手工钨极氩弧焊机 WS—200、氩气瓶、AT—15 型氩气流量调节器和气冷式焊枪。

2. 焊件

焊件为低碳钢（20）管子，每组2根，规格为 $\phi 51mm \times 100mm \times 3mm$，V形坡口，无钝边。

3. 焊接材料

焊接材料有铈钨极，直径为2.5mm，焊丝为H08Mn2SiA，直径为2.5mm。

4. 辅助工具

辅助工具有头盔式面罩、9号电焊镜片、皮工作服、绝缘鞋和绝缘手套。

二、实训步骤及操作要点

1）氩弧焊对油污、铁锈很敏感，必须重视焊件的焊前清理，可用角向砂轮机或砂布打磨，清除焊件正反表面及坡口两侧20mm范围内及坡口处的油污、铁锈等，直至露出金属光泽。

2）用锉刀或角向磨光机加工出钝边，并检查两焊件的钝边高度是否一致，配合是否严密，不合适时应加以修整。

3）去除焊丝表面的油脂、铁锈及其他污物，校直焊丝。

4）将钨极的端部修磨成25°~30°锥角。

5）电源极性为直流正接。

技能训练内容（一）　小直径管水平转动焊

1. 焊件装配尺寸与定位焊

定位焊缝必须与正式焊缝采用的焊接材料和焊接方法相同，定位焊缝长度≤10 mm，两点定位。焊装配尺寸见表6-10。

表6-10　小直径管水平转动焊的装配尺寸

坡口角度/（°）	装配间隙/mm		钝边/mm	错边量
	始焊端	终焊端		
60	2.5	3.0	0.5~1.5	≤10%δ

2. 焊接层次及焊接参数

焊接层次为二层二道，焊接层次的分布如图6-13所示。焊接参数见表6-11。

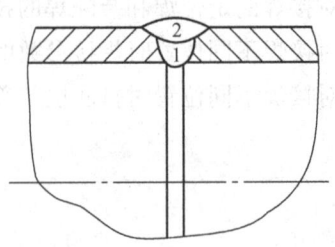

图6-13　小直径管水平转动焊焊接层次的分布

表 6-11　小直径管水平转动焊的焊接参数

焊接电流/A	氩气流量/（L/min）	焊接速度/（mm/min）	喷嘴直径/mm	喷嘴至焊件距离/mm
90~100	7~10	80~100	8	8~10

3. 焊枪及焊丝角度

焊枪及焊丝的角度如图 6-14 所示。

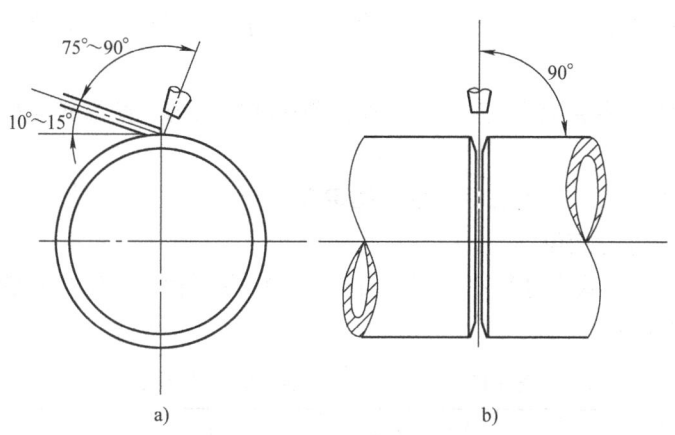

图 6-14　小直径管水平转动焊的焊枪及焊丝角度

a) 焊枪、焊丝倾角　b) 焊枪夹角

4. 打底层的焊接

在管子上顶点 c 处坡口内引弧，起焊点 c 位置如图 6-15 所示。引燃电弧后管子不转动，也不填丝，让电弧对准坡口根部加热，当坡口根部熔化，形成一定明亮清晰的熔池后，管子开始转动并向熔池填加焊丝。在填丝的同时，管子顺时针方向匀速转动，进行焊接。

小直径管水平转动焊打底层的钨极端头与焊件之间的距离为 3~4mm，焊丝以小幅度往复运动方式间断送入电弧内熔池前方，在熔池前成滴状加入，焊丝送进要有节奏，不能时快时慢，以保证焊缝成形良好。

在焊接过程中，焊枪与焊丝要协调配合，焊件与焊丝、喷嘴要保持一定距离，避免焊丝端部扰乱气流及触到钨极。焊丝端部不能脱离氩气保护区，以免焊丝端部被氧化。

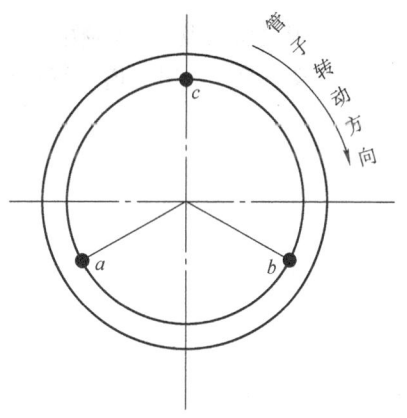

图 6-15　小直径管水平转动焊定位焊缝及起焊点的位置

a、b—定位焊缝　c—起焊点

当焊接到定位焊缝时，应停止或少送焊丝，电弧应将定位焊缝端部（包括坡口根部）熔化，并与熔池连成一体后，再填丝转入正常焊接。

停弧和接头：停弧时先停止管子转动，然后松开焊枪上的按钮开关，停止送丝。利用焊机上的电流衰减控制功能，保持喷嘴高度不变，待电弧熄灭、熔池冷却后，再移开焊枪。

接头：在弧坑右侧 10~15mm 处引弧，并慢慢向左移动焊枪，待弧坑处形成熔池后，转动管子，同时填丝，转入正常焊接。

当焊接到焊道起焊点 c 处时，停止焊接。将起焊点打磨成缓坡形，再引弧，将弧坑预热、熔化并和熔池连成一体后，再填丝至填满弧坑。然后切断控制开关，焊接电流衰减，熔池逐渐缩小，将焊丝抽离熔池，但不脱离氩气保护区，当电弧熄灭，延时切断氩气后，再移开焊丝和焊枪。

5. 盖面层的焊接

焊接盖面层的焊接参数见表6-11，焊枪、焊丝角度、基本操作方法及要点均与焊接打底层时相同。

焊接盖面层时，焊接电流不宜太大。焊枪稍作横向摆动，使焊缝美观、无缺陷，并达到焊缝的尺寸要求。

技能训练内容（二） 小直径管水平固定焊

1. 焊件装配尺寸与定位焊

定位焊缝必须与正式焊缝采用的焊接材料和焊接方法相同，定位焊缝长度≤10 mm，两点定位。焊件的装配尺寸见表6-12。

表6-12 小直径管水平固定焊的装配尺寸

坡口角度/（°）	装配间隙/mm		钝边/mm	错边量
	始焊端	终焊端		
60	3.5	4.0	0.5~1	≤10%δ

2. 焊接层次及焊接参数

焊接层次为二层二道，焊道分布如图6-16所示。焊接参数见表6-13。

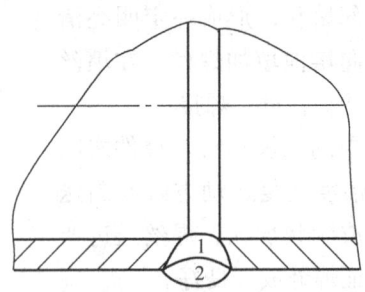

图6-16 小直径管水平固定焊的焊接层次

表6-13 小直径管水平固定焊的焊接参数

焊接电流/A	氩气流量/（L/min）	焊接速度/（mm/min）	喷嘴直径/mm	喷嘴至焊件距离/mm
90~100	7~10	80~100	8	8~10

3. 打底层的焊接

焊接打底层的焊接参数见表6-13。焊枪和焊丝的角度如图6-17所示。在仰焊区域采用内填丝法，其他区域均为外填丝。

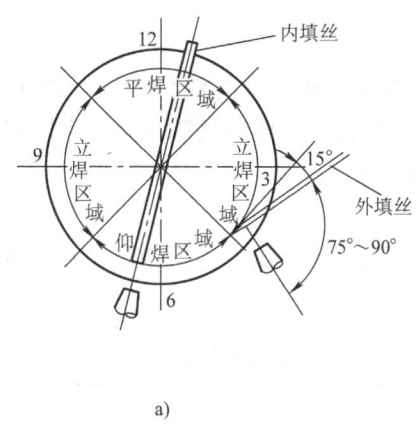
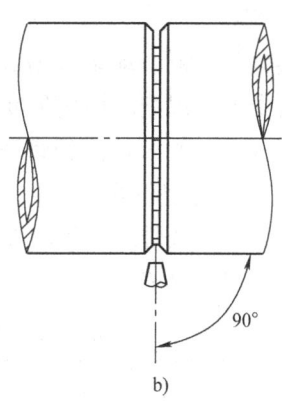

图 6-17 小直径管水平固定焊打底层的焊枪和焊丝角度
a) 焊接位置及焊枪、焊丝倾角　b) 焊枪夹角

首先在 c 点处引弧，c 点位置如图 6-18 所示。引弧后，对坡口根部加热，待坡口根部熔化并形成熔孔后再填丝。填丝方法为内填丝，具体方法是焊丝通过坡口根部间隙到达电弧区，并垂直焊接方向。填丝应及时且有节奏，当焊接到立焊区域时，焊丝由管内侧移至管外侧，并与管子该点切线成 20° 倾角，即采用外填丝法。焊枪逆时针方向均匀移动向前焊接。焊接过程中，注意观察控制熔孔大小，焊丝和焊枪移动速度要均匀，以保证焊缝成形良好、美观。

停弧：当焊接过程中，需要暂停焊接或焊到停弧点 d 处时（图 6-18），可松开焊枪上的按钮开关，停止送丝，如果焊机上有电流衰减控制功能，则仍保持喷嘴高度不变，待电弧熄灭、熔池冷却后再移开焊枪；若焊枪没有电流衰减控制功能，则松开按钮开关后，将电弧移到坡口侧再灭弧。

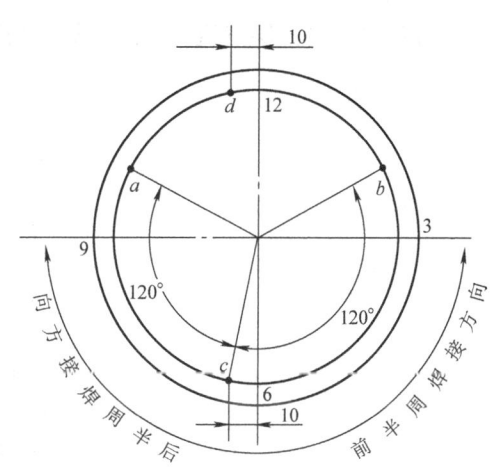

图 6-18 小直径管水平固定焊的起焊点、
收弧点及定位焊缝的位置
a、b—定位焊缝　c—起焊点　d—收弧点

接头：接头前首先检查原弧坑焊道状况。在弧坑后约 10~15mm 处引弧，并慢慢向前移动焊枪，待弧坑熔化并形成熔孔后，接着填丝向前焊接。

当焊接到定位焊缝处时，应停止或少填丝，待定位焊缝端部熔化（包括坡口根部）并和熔池连成一体后，再正常向前焊接。

当前半周焊接完成后，再按上述方法以顺时针方向焊接后半周。

收弧：当后半周焊接到时针 12 点钟附近，即收弧点 d 处时，应停止或少填丝，待收弧点充分熔化、形成熔孔，并和熔池连成一体后再填丝，填满弧坑后，切断控制开关，焊接电流衰减，熔池逐渐缩小，此时将焊丝抽离熔池，但不使之脱离氩气保护区，待氩气延时

3~4s 后,移开焊丝和焊枪。

4. 盖面层的焊接

焊接盖面层时,焊枪摆动幅度增大,焊接速度稍慢,并注意焊缝两侧应与母材熔合良好。其他的焊接参数、焊枪、焊丝角度、焊接步骤、操作方法等均与打底层相同。

技能训练内容(三)　小直径管垂直固定焊

1. 焊件装配尺寸与定位焊

定位焊缝必须与正式焊缝采用的焊接材料和焊接方法相同,定位焊缝长度≤10 mm,两点定位。焊件装配尺寸见表 6-14。

表 6-14　小直径管垂直固定焊的装配尺寸

坡口角度/(°)	装配间隙/mm		钝边/mm	错边量
	始焊端	终焊端		
60	3.5	4.0	0~1	≤10%δ

2. 焊接层次及焊接参数

焊接层次为二层三道,焊层及焊道的分布如图 6-19 所示。焊接参数见表 6-15。

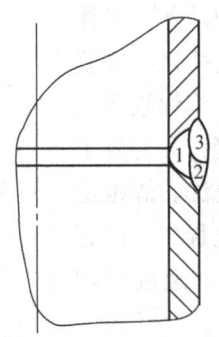

图 6-19　小直径管垂直固定焊的焊接层次

表 6-15　小直径管垂直固定焊的焊接参数

焊层	焊接电流/A	氩气流量/(L/min)	焊接速度/(mm/min)	喷嘴直径/mm	喷嘴至焊件距离/mm
打底层	80~95	7~10	80~100	8	6~8
盖面层	75~90	6~8	70~90		

3. 打底层的焊接

焊接打底层的焊接参数见表 6-15。焊枪、焊丝角度如图 6-20 所示。首先在 c 点处引弧,起焊点位置如图 6-21 所示。引弧后对坡口根部加热,待坡口根部熔化并形成熔孔后,将焊丝沿坡口的上沿送到熔池,并轻轻地将焊丝向熔池里送一下,同时在管内稍作摆动,把熔化金属推向焊缝背面,保证焊缝背面有良好的成形。在填丝同时,焊枪以小锯齿形摆动向左进行焊接。焊接过程中,焊丝以往复运动方式间断地送入电弧内的熔池前上方,在熔池前呈滴状加入。当焊接到定位焊缝时,应停止或少填丝,让电弧将其充分熔化(包括坡口根部)并与熔池熔合成一体,再填丝进行焊接。

停弧：停弧时，先停止送丝，随后断开控制开关，此时焊接电流衰减，熔池逐渐缩小，当电弧熄灭，熔池凝固冷却到一定温度后，才能移开焊枪，以防收弧处焊缝金属被氧化。

接头：接头时，应在弧坑右方 10~15mm 处引燃电弧，并立即将电弧移到接头处，先不加焊丝，待接头处熔化，左端出现熔孔后再填丝焊接。

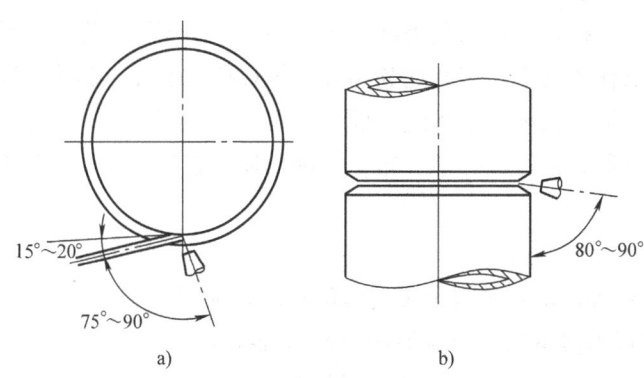

图 6-20　小直径管垂直固定焊打底层的焊枪和焊丝角度

a) 焊枪和焊丝倾角　b) 焊枪夹角

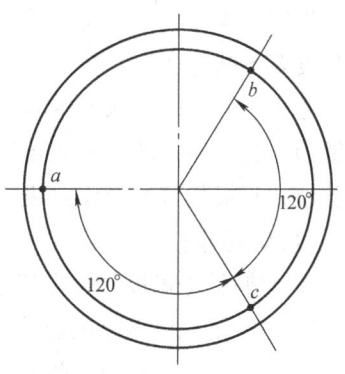

图 6-21　小直径管垂直固定焊打底层的起焊点位置

a、b—定位焊缝　c—起焊点

收弧：当焊接到焊道封闭处即起焊点 c 处时，应停止填丝或少填丝，待起焊点充分熔化形成熔孔，并和熔池熔合成一体后，再填丝且填满弧坑，然后切断控制开关，使焊接电流衰减，熔池逐渐缩小，此时将焊丝抽离熔池但不使之离开氩气保护区，待氩气延时 3~4s 后再移开焊丝和焊枪。

4. 盖面层的焊接

盖面层的焊接参数见表 6-15，焊枪和焊丝的倾角与焊接打底层时相同，焊枪的夹角如图 6-22 所示。

焊接时，首先焊下面的焊道 2，再焊上面的焊道 3。焊接焊道 2 时，电弧对准打底层焊道的下沿，使熔池下沿超出管子坡口下边缘 0.5~1.5mm，熔池上沿覆盖打底层焊道的 1/2~2/3。焊接焊道 3 时，电弧对准打底层焊道的上沿，使熔池上沿超出管子坡口上边缘 0.5~1.5mm，熔池下沿与焊道 2 圆滑过渡，焊接速度适当加快，送丝频率加快，适当减小送丝量，防止熔池金属下坠和咬边。

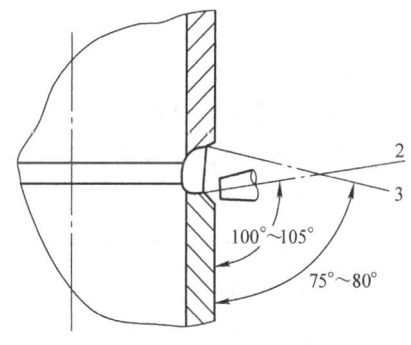

图 6-22　小直径管垂直固定焊盖面层的焊枪夹角

三、质量评定

1）焊缝应无裂纹、未熔合、烧穿，焊缝余高不低于母材表面。
2）夹渣、气孔应 ≤1.5mm。
3）焊缝宽度应 ≤8mm，焊缝宽度差、背面余高、余高差 ≤3mm。正面余高 ≤4mm。
4）咬边深度应 ≤0.5mm。
5）错边量应 ≤10%δ。

课题六　管　板　焊　接

管板焊接可分为插入式管板焊接和骑座式管板焊接两种。插入式管板焊接只要能保证焊透、焊脚对称、外形美观、无缺陷即可。操作方法与角焊缝基本相同，只是焊枪、焊丝与焊件角度要不断地变化，较角焊缝焊接操作难度大，但相比骑座式管板焊接难度要小的多。骑座式管板焊接，既要保证单面焊双面成形，又要保证焊缝正面均匀美观，焊脚对称，再加上管壁薄、孔板厚、坡口两侧导热情况不同，需控制热量分布，这都增加了难度。本课题将介绍骑座式管板焊接的操作方法。

【实训任务】

1. 掌握手工钨极氩弧焊骑座式管板焊接的定位焊和装配焊的技术要求。
2. 掌握手工钨极氩弧焊骑座式管板焊接不同位置时焊接参数的选择。
3. 掌握手工钨极氩弧焊骑座式管板焊接不同位置时打底层与盖面层的操作要点。

【技能训练】

一、设备及材料

1. 设备

焊接设备有手工钨极氩弧焊机 WS—200、氩气瓶、AT—15 型氩气流量调节器和气冷式焊枪。

2. 焊件

焊件为低碳钢（20），管子每组 1 根，规格为 $\phi51mm \times 100mm \times 3mm$，45°V 形坡口，无钝边；板 1 块，规格为 $100mm \times 100mm \times 12mm$，中间加工 $\phi60mm$ 孔。

3. 焊接材料

焊接材料有铈钨极，直径为 2.5mm，焊丝为 H08Mn2SiA，直径为 2.5mm。

4. 辅助工具

辅助工具有头盔式面罩、9 号电焊镜片、皮工作服、绝缘鞋和绝缘手套。

二、实训步骤及操作要点

1）氩弧焊对油污、铁锈很敏感，必须重视焊件的焊前清理，可用角向砂轮机或砂布打磨，清除焊件正反表面及坡口两侧 20mm 范围内及坡口处的油污、铁锈等，直至露出金属光泽。

2）将管子用锉刀或角向磨光机加工出钝边，并检查钝边高度是否一致，配合是否严密，不合适时应加以修整。

3）去除焊丝表面的油污、铁锈及其他污物，校直焊丝。

4）将钨极的端部修磨成 25°~30°锥角。

5）电源极性为直流正接。

技能训练内容（一）　骑座式管板垂直固定俯位焊

1. 焊件装配尺寸与定位焊

定位焊缝必须与正式焊缝采用的焊接材料和焊接方法相同，定位焊缝长度≤10 mm，两点定位。焊件装配尺寸见表6-16。

表6-16　骑座式管板垂直固定俯位焊的装配尺寸

钝边/mm	装配间隙/mm		错　边　量
	始焊端	终焊端	
0.5~1	3.5	4.0	≤10%δ

2. 焊接层次及焊接参数

焊接层次的分布如图6-23所示。焊接参数见表6-17。

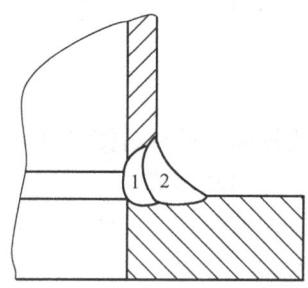

图6-23　骑座式管板垂直固定俯位焊的焊接层次

表6-17　骑座式管板垂直固定俯位焊的焊接参数

焊接电流/A	氩气流量/（L/min）	喷嘴直径/mm	喷嘴至焊件距离/mm
90~100	7~9	8	10~12

3. 焊枪及焊丝角度

焊枪及焊丝的角度如图6-24所示。

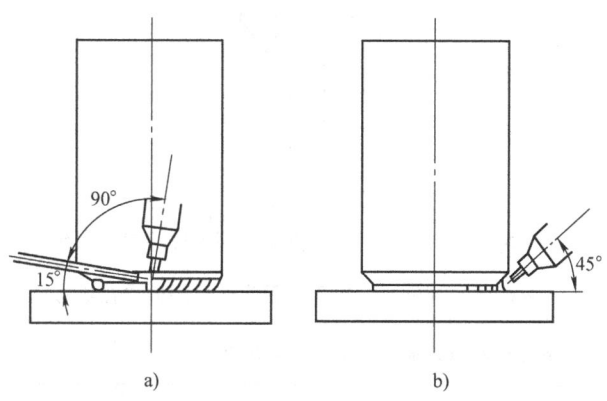

图6-24　骑座式管板垂直固定俯位焊的焊枪及焊丝角度
a）焊枪、焊丝倾角　b）焊枪夹角

4. 打底层的焊接

打底层需保证根部焊透,焊道背面成形。将焊件固定在垂直俯位处,一个定位焊缝在右侧。在右侧的定位焊缝上引燃电弧。先不加焊丝,电弧在原位稍摆动,待定位焊缝熔化,形成熔池和熔孔后再送焊丝,焊丝端部熔化形成熔滴后,轻轻地将焊丝向熔池推一下,将铁液送到熔池前端,以提高焊道背面的高度,防止未焊透和背面焊道焊肉不够。

焊接时要注意观察熔池,使熔孔大小一致,防止管子烧穿。如果熔孔变大,可适当加大焊枪与孔板间的夹角,增加焊接速度,减小电弧在管子坡口侧的停留时间,或减小焊接电流等;如果熔孔变小,则应采取与上述相反的措施。

停弧:停弧时先停止送丝,随后断开控制开关,此时焊接电流衰减,熔池逐渐缩小,电弧熄灭,待熔池凝固并冷却到一定温度后,才能移开焊枪,以防收弧处焊缝金属被氧化。

接头:接头时应在弧坑右方 10~15mm 处引燃电弧,并立即将电弧移到接头处,先不加焊丝,待接头处熔化,左端出现熔孔后再加丝焊接。

焊接至封闭处,为防止产生未焊透,可稍停送丝,待原焊缝头部熔化后再填入,保证接头处熔合良好。

5. 盖面层的焊接

盖面层必须保证熔合良好,无缺陷。仍从右侧打底层焊道上引弧,先不加丝,待引弧处局部熔化形成熔池时才开始填丝,并向左焊接。

焊接盖面层时,焊枪横向摆动幅度较打底层要大,要保证熔池两侧与管子外圆周及孔板熔合好。其他操作要求同打底层焊接。

技能训练内容(二)　骑座式管板垂直固定仰位焊

这个位置比俯位焊操作难度大,但比对接板仰焊容易,因为管子的坡口可以托住熔池,类同横焊,但比横焊难。

1. 焊接层次及焊接参数

焊接层次为两层三道,如图 6-25 所示。焊接参数见表 6-18。

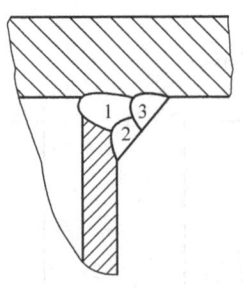

图 6-25　骑座式管板垂直固定仰位焊的焊接层次

表 6-18　骑座式管板垂直固定仰位焊的焊接参数

焊接电流/A	氩气流量/(L/min)	喷嘴直径/mm	喷嘴至焊件距离/mm
80~90	7~9	8	10~12

2. 打底层的焊接

打底层焊接的焊枪角度如图 6-26 所示。

将焊件在垂直仰位处固定好，一个定位焊缝在最右侧。在右侧的定位焊缝上引燃电弧，先不加焊丝，待坡口根部熔化，形成熔池、熔孔后，再加焊丝从右向左焊接。焊接时电弧尽可能短些，熔池要小，但要保证孔板与管子坡口面熔合好，根据熔孔和熔池表面的情况调整焊枪角度和焊接速度。

停弧：停弧时先停止送丝，随后断开控制开关，利用焊机上的电流衰减控制功能，使熔池逐渐缩小，当电弧熄灭，熔池凝固冷却到一定温度后，才能移开焊枪，以防收弧处焊缝金属被氧化。

接头：接头时在接头处右侧 10～15mm 处引燃电弧，先不加焊丝，待接头处熔化形成熔池和熔孔后，再加焊丝继续向左焊接。

3. 盖面层的焊接

盖面层有两条焊道，先焊下面的焊道，后焊上面的焊道。仰焊盖面层的枪角度如图 6-27 所示。

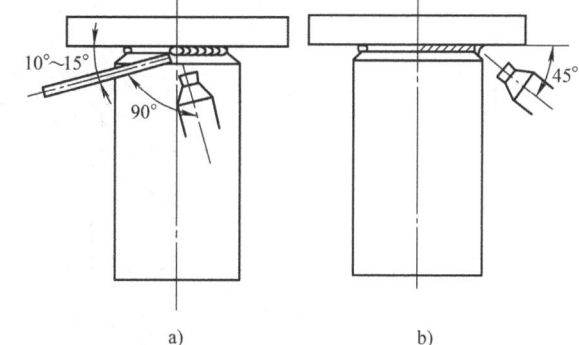

图 6-26　骑座式管板垂直固定仰位焊打底层的焊枪角度
a）焊枪、焊丝倾角　b）焊枪夹角

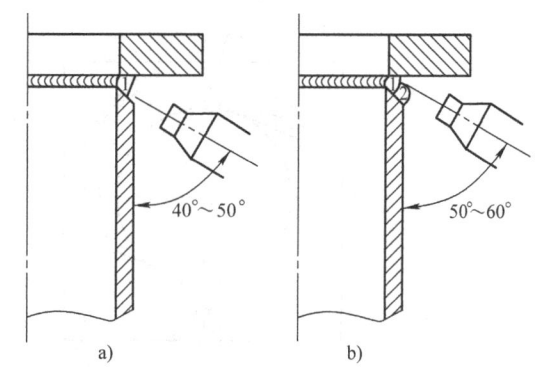

图 6-27　骑座式管板垂直固定仰位焊盖面层的焊枪角度
a）焊道 2　b）焊道 3

焊接下面的焊道时，电弧对准打底层焊道下沿。焊枪小幅度作锯齿形摆动，熔池下沿超过管子原坡口边 1～1.5mm 处，熔池的上沿在打底层焊道的 1/2～2/3 处。

焊接上面的焊道时，电弧以打底层焊道上沿为中心，焊枪作小幅度摆动，使熔池将孔板和下面的焊道圆滑地连接在一起。

技能训练内容（三）　骑座式管板水平固定焊

管板水平固定焊是管板焊接操作中最难的项目，本项目可同时考核平焊、立焊和仰焊三个焊接位置的操作水平。

1. 焊接层次及焊接参数

焊接层次为两层两道，如图 6-28 所示。焊接参数见表 6-19。

表 6-19　骑座式管板水平固定焊的焊接参数

焊接电流/A	氩气流量/（L/min）	喷嘴直径/mm	喷嘴至焊件距离/mm
80～100	7～9	8	10～12

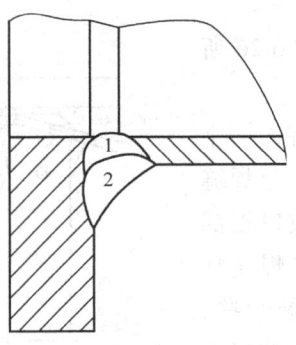

图 6-28　骑座式管板水平固定焊的焊接层次

2. 打底层的焊接

打底层焊接时焊丝、焊枪的角度如图 6-29 所示。

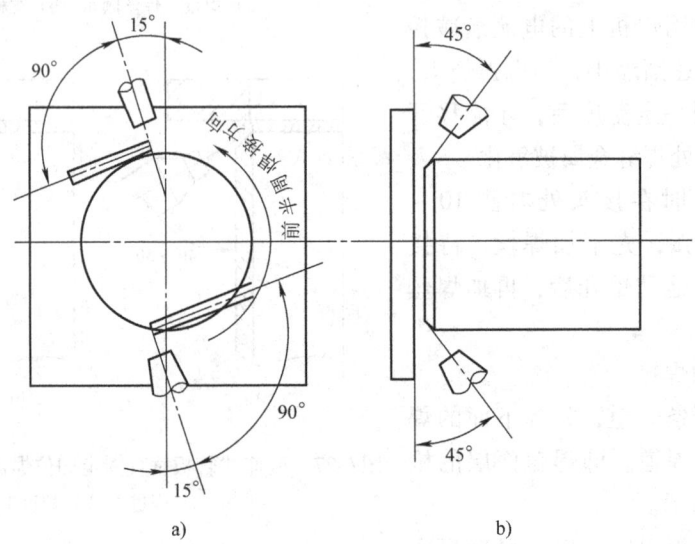

图 6-29　骑座式管板水平固定打底层焊接时的焊丝、焊枪的角度
a）焊枪、焊丝倾角　b）焊枪夹角

在管子正下方左侧 10～15mm 处引燃电弧，先不加焊丝，待坡口根部熔化，形成熔池和熔孔后再开始填丝，并按逆时钟方向焊接至管子最上方左侧 10～15mm 处。

然后从正下方引燃电弧，先不加焊丝，待焊缝开始熔化时，按顺时针方向移动电弧，当焊缝前端出现熔池和熔孔后，开始填焊丝，继续沿顺时针方向焊接。

焊接至与上道焊道接头处时，停止送丝，待原焊缝处开始熔化再迅速加焊丝，使焊缝封闭，同时要防止产生烧穿或未熔合。

3. 盖面层的焊接

盖面层焊接的顺序和要求同打底层，但焊枪的摆动幅度稍大。

三、质量评定

1）焊缝无裂纹、未熔合、焊瘤及未焊透。

2）夹渣、气孔应≤1.5mm。

3）焊脚尺寸为 8~11mm，焊脚差≤3mm。

4）表面凹凸度≤1.5mm，咬边深度≤0.5mm，背面凹坑深度≤1mm。

课题七　纯铝板的平对接焊

铝具有一些独特的物理、化学性能，这给焊接造成了很多困难。一是铝与氧的亲和力大，焊接时，易形成氧化铝，氧化铝极易吸收水分，在焊接过程中可能产生气孔、夹渣、未熔合；二是铝在高温下对氢气和水有很大的溶解性，而当温度下降，由液态转变为固态时铝对氢气和水的溶解性又急剧下降，同时其具有较高的导热性，散热速度快，气体来不及逸出，易形成气孔；三是铝从固态变成液态无明显的颜色变化，熔池的温度不好辨别、调整和控制，易造成焊缝成形不良；四是铝的线胀系数和体积收缩率大，易产生弧坑裂纹和缩孔。本课题采用垫板、V形坡口焊件，在平焊位置焊接是比较容易操作的。

【实训任务】

1. 了解纯铝板焊件与焊丝的焊前清理方法。
2. 掌握纯铝板的平对接手工钨极氩弧焊的定位焊和装配焊的技术要求。
3. 掌握纯铝板的平对接手工钨极氩弧焊焊接参数的选择。
4. 掌握纯铝板的平对接手工钨极氩弧焊时打底层、填充层与盖面层的操作要点。

【技能训练】

一、设备及材料

1. 设备

焊接设备有手工钨极氩弧焊机 WSE—315、氩气瓶、AT—30 型氩气流量调节器和气冷式焊枪。

2. 焊件

焊件为工业纯铝 L4 板 2 块，规格为 300mm×100mm×8mm，70°V 形坡口，2mm 钝边。

3. 焊接材料

焊接材料有铈钨极，直径为 5mm，焊丝为 SAl—3，直径为 5mm。

4. 辅助工具

辅助工具有头盔式面罩、11 号电焊镜片、皮工作服、绝缘鞋和绝缘手套。

二、实训步骤及操作要点

1. 焊接前的准备

1）焊件及焊丝在焊前一般用化学方法清理，不能用砂轮打磨。具体方法为放入温度为 40~60℃，浓度为 8%~10% 的氢氧化钠溶液中浸泡，保持 10~15min 后取出，并用流动清水冲洗 2min，再置于 30% 的稀硝酸溶液中进行中和光化处理，并用流动清水冲洗 2~3min，清理后的焊丝应置于 150~200℃ 的烘干箱中烘焙 30min，然后保存在 100℃ 的烘干箱中，随用随取。

2)将钨极的端部修磨成半球形。

3)电源采用交流电源。

4)焊前对焊机的水路、气路和电路作全面检查,并做负载检查,进行试焊。

5)装配与定位焊尺寸见表6-20。

表6-20 纯铝板的板平对接焊的装配与定位焊尺寸

钝边/mm	装配间隙/mm		错 边 量
	始焊端	终焊端	
2	2	3	≤10%δ

在焊件两端定位,定位焊缝长度≤20mm,厚度≥2mm。

为了防止焊缝烧穿和塌陷,保证焊缝背面成形良好,可采用不锈钢或Q235—A钢做垫板。为了防止焊件变形,可采用适当夹具。用夹具将焊件和垫板固定,并使之贴紧,不留间隙。垫板的长度与焊件相同,垫板的尺寸如图6-30所示。

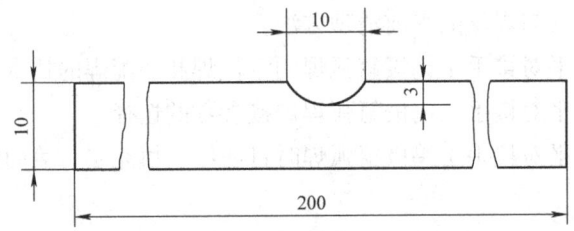

图6-30 纯铝板的平对接手工钨极氩弧焊的垫板尺寸

2. 焊接层次及焊接参数

焊接层次为三层三道。焊接参数见表6-21。

表6-21 纯铝板的平对接焊的焊接参数

焊层	焊接电流/A	氩气流量/(L/min)	喷嘴直径/mm	喷嘴至焊件距离/mm
打底层	280~300	30	16	8~10
填充层	310~330			
盖面层	300~320			

3. 焊枪和焊丝角度

焊枪和焊丝与焊件夹角为90°,与焊件的倾角如图6-31所示。

4. 打底层的焊接

焊接打底层的焊接参数见表6-21。焊枪和焊丝的倾角如图6-31所示。

在焊接前要检查氩气的保护效果,应采用检查"有效保护区"直径的方法进行。在备用的

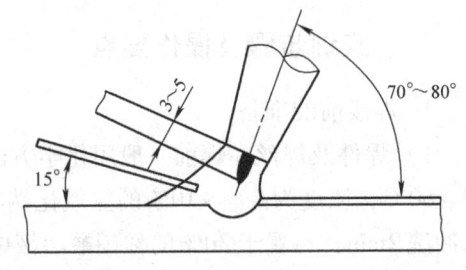

图6-31 纯铝板的平对接焊焊枪和焊丝的倾角

铝板上引弧，焊枪固定不动，待电弧燃烧5～10s后将其熄灭，观察铝板表面上的熔化点。如在熔化点周围有一个明显的光亮圆圈保护区，则表明氩气保护效果好；如看不到明显的光亮圆圈，说明保护效果不好，应当调整某些焊接参数再重新进行检验，直至合适为止。氩气保护效果如图6-32所示。

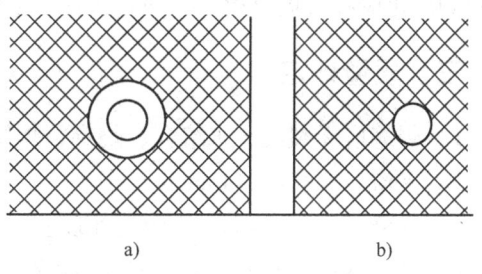

图6-32　纯铝板的平对接焊的氩气保护效果示意图
a）保护效果好　b）保护效果不好

焊接时采用左向焊法，首先在焊件的右端定位焊缝外侧处引弧。引弧后焊枪稍作停顿预热，此时不填丝，当形成整体熔池后即可焊接。焊丝应配合焊枪有节奏地填入。电弧以直线形向前移动，焊枪移动时可作间断停留，当达到一定的熔深后开始填加焊丝。填丝时注意钨极不要直接触及熔池，为防止氧化，焊丝要在氩气保护区但不能进入弧柱区，防止焊丝与钨极接触，避免钨极氧化和引起飞溅。为防止焊丝氧化，填丝时，焊丝应从熔池边缘送进，此时焊丝熔化的熔滴进入熔池，这样反复断续地向熔池填加焊丝，向前进行焊接。

焊接时应注意观察熔池的大小、深浅及流动情况。可以通过调整焊枪倾角、焊枪移动速度、填丝速度及电弧长短来调节熔池温度，保证良好的焊缝质量。

停弧：停弧时应特别注意防止产生弧坑裂纹和缩孔。首先松开焊枪上的按钮开关，保持喷嘴高度不变，在焊接电流衰减时，稍填加焊丝，当电弧熄灭，利用滞后停的氩气保护熔池5～10s，待熔池冷却后再移开焊枪、焊丝，这样可以防止焊丝、钨极及弧坑金属氧化。

接头：接头时在弧坑右侧20mm坡口内引弧，引弧后，迅速将电弧移到原弧坑处，待弧坑熔化后再填丝，并转入正常焊接。接头应平滑，防止脱节和凸出。

收弧：收弧时注意填满弧坑，防止产生弧坑裂纹和缩孔。当焊接到焊件左侧定位焊缝位置时，应减小焊枪角度，加大焊丝熔化速度，以填满弧坑。然后切断控制开关，待焊接电流衰减、熔池逐渐缩小时，将焊丝抽离熔池，但仍使焊丝在氩气保护区内。当电弧熄灭，延时5～10s后再关闭氩气，移开焊枪、焊丝。

5. 填充层的焊接

填充层的焊接参数见表6-21。焊枪和焊丝的角度同打底层焊接，操作方法和注意事项也与焊接打底层基本相同。

焊接前先检查打底层焊道的状况，消除缺陷。焊接时，焊枪仍以直线形向前移动，并保证焊缝坡口两侧熔合良好。

填充层焊道应比焊件表面低2mm左右，并保持坡口边的原始状态，为盖面层焊接做好准备。

6. 盖面层的焊接

焊接盖面层的焊接参数见表6-21。焊枪和焊丝角度与焊接打底层相同，操作方法、注意事项也与焊接打底层基本相同。

焊接盖面层时，焊枪可以直线形移动或稍作横向摆动，并在焊道两侧边缘稍作停留，熔池两侧熔化应超过坡口边 1～2mm 为宜，填丝速度要适当，以确保焊缝成形良好。

三、质量评定

1）焊缝应无裂纹、未熔合、烧穿，焊缝余高不低于母材表面。
2）夹渣、气孔应≤4mm。
3）焊缝宽度应≤18mm，焊缝宽度差、正面余高、背面余高、余高差≤3mm。
4）咬边深度应≤0.5mm，未焊透≤2mm，背面凹坑≤2mm。
5）错边量应≤10%δ，角变形 <3°。

课题八　纯铜板的平对接焊

纯铜具有极好的导热性，焊接时热量迅速从加热区传导出去，熔池温度降低很快，使母材与填充金属难以熔合；铜在高温下对氢气的吸收和溶解能力大，同时其具有较高的导热性，散热速度快，气体来不及逸出，极可能产生气孔；铜的线胀系数和体积收缩率大，另外铜的热影响区宽，冷却过程中将产生较大的内应力，易产生热裂纹；收弧时如填不满弧坑，易产生弧坑裂纹。本课题采用垫板、V 形坡口焊件，在平焊位置焊接中厚板是比较容易的。

【实训任务】
1. 了解纯铜板焊件与焊丝的焊前清理方法。
2. 掌握纯铜板的平对接手工钨极氩弧焊的定位焊和装配焊的技术要求。
3. 掌握纯铜板的平对接手工钨极氩弧焊焊接参数的选择。
4. 掌握纯铜板的平对接手工钨极氩弧焊打底层、填充层与盖面层的操作要点。

【技能训练】

一、设备及材料

1. 设备

焊接设备有手工钨极氩弧焊机 WSE—315、氩气瓶、AT—30 型氩气流量调节器和气冷式焊枪。

2. 焊件

焊件为工业纯铜 T2 板 2 块，规格为 300mm×100mm×8mm，70°V 形坡口，2mm 钝边。

3. 焊接材料

焊接材料有铈钨极，直径为 5mm，焊丝为 HSCu，直径为 4mm。

4. 辅助工具

辅助工具有头盔式面罩、11 号电焊镜片、皮工作服、绝缘鞋和绝缘手套。

二、实训步骤及操作要点

1. 焊接前的准备

1）焊件及焊丝在焊接前要对油污和氧化膜进行清理。焊件一般用机械方法清理。焊丝要用化学方法清理,即首先用四氯化碳或丙酮等溶剂擦拭,然后用清水冲洗 2~3 min,清理后烘干。

2)将钨极的端部修磨成 90°锥角。
3)电源极性为直流正接。
4)焊前对焊机的水路、气路和电路作全面检查,并做负载检查,进行试焊。
5)焊件装配定位焊尺寸见表 6-22。

表 6-22 纯铜板的平对接焊的装配尺寸

钝边/mm	装配间隙/mm		错边量
	始焊端	终焊端	
2	2	4	≤10%δ

在焊件两端定位,定位焊缝长度≤20mm,厚度≥2mm。

为了防止焊缝烧穿和塌陷,保证焊缝背面成形良好,可采用不锈钢或 Q235—A 钢做垫板。

为了防止焊件变形,可采用适当夹具。用夹具将焊件和垫板固定,并使之贴紧,不留间隙。垫板的长度与焊件相同,垫板的尺寸同铝平对接焊。

2. 焊接层次及焊接参数

焊接层次为三层三道。焊接参数见表 6-23。

表 6-23 纯铜板的平对接焊的焊接参数

焊层	焊接电流/A	氩气流量/(L/min)	喷嘴直径/mm	喷嘴至焊件距离/mm	预热温度/℃
打底层	300~340				
填充层	320~350	30	16	10~12	300~500
盖面层	310~320				

3. 打底层的焊接

焊接打底层的焊接参数见表 6-23。焊枪、焊丝的角度如图 6-31 所示。

在焊接前应检查氩气的保护效果,检查方法同铝平对接焊。另外还要检查预热温度,当预热温度达到要求后方可焊接。氩气的保护效果检查方法同铝对接焊。

焊接时采用左向焊法,首先在焊件的右端定位焊缝外侧处引弧。引弧后焊枪稍作停顿预热,此时不填丝,当形成整体熔池后即可焊接。填丝应配合焊枪有节奏地填入,电弧以直线形向前移动。焊枪移动时可作间断停留,当达到一定的熔深后开始填加焊丝。填丝时注意钨极不要直接触及熔池,为防止氧化,焊丝要在氩气保护区但不能进入弧柱区,防止焊丝与钨极接触,避免钨极氧化和引起飞溅。为防止焊丝氧化,应从熔池边缘送进焊丝,此时焊丝熔化的熔滴进入熔池,这样反复断续地向熔池填加焊丝,向前进行焊接。

焊接过程中,要密切注意观察熔池形状、大小和深浅的变化,随时调整焊枪角度、送丝速度和焊接速度,如发现熔池变大,焊缝变宽时,说明熔池温度过高,应减小焊枪角度,加快焊接速度;如熔池变小,说明熔池温度低,有可能产生未焊透,应增加焊枪倾角,减小焊接速度,以保证打底层焊道的焊接质量。

停弧：停弧时可松开焊枪上的按钮开关，停止送丝，这时焊接电流开始衰减，仍保持喷嘴高度不变，待电弧熄灭、熔池冷却后再关闭氩气，移开焊枪、焊丝。

接头：接头时先检查层间温度，在弧坑右侧 15～20mm 处引弧，慢慢向左移动焊枪，待弧坑处形成熔池后，接着填丝向前焊接。接头时应注意接头焊道要平滑，防止脱节和凸出，还要防止产生未焊透、气孔、夹渣等缺陷。

收弧：当焊接到焊件左端定位焊缝处时，为防止产生弧坑裂纹和缩孔，应减小焊枪的角度，使热量集中在焊丝上，加大焊丝熔化量，以填满弧坑。然后切断控制开关，焊接电流衰减，随之熔池不断缩小，此时将焊丝抽离熔池，停止送丝，但不能使焊丝脱离氩气保护区，待延时 3～5s 后关闭氩气，移开焊丝和焊枪。

4. 填充层的焊接

焊接填充层的焊接参数见表 6-23，焊枪、焊丝角度与焊接打底层时相同，操作步骤和注意事项也与焊接打底层基本相同。

焊接前检查打底层焊道的状况，用不锈钢丝刷或铜丝刷清除打底层焊道上的氧化物。还应检查层间温度，层间温度应与预热温度相同。

焊接时焊枪仍以直线形向前移动，并保证坡口两侧熔合良好。

填充层焊道应比焊件表面低 1.5～2mm，并保持坡口边原始状态，为盖面层焊接做好准备。

5. 盖面层的焊接

焊接盖面层的焊接参数见表 6-23，焊枪和焊丝角度与焊接打底层相同，操作方法、注意事项与焊接打底层相同。

焊接前检查层间温度，层间温度应与预热温度相同。用不锈钢丝刷或铜丝刷清除填充层焊道上的氧化物。

焊接时，焊枪可以直线形移动或稍作横向摆动，并在焊道两侧边缘稍作停留，使熔池两侧熔化超过坡口边 1～2mm，填丝速度、焊接速度要适当，以确保焊缝成形良好。

三、质量评定

质量评定标准与铝板平对接焊相同。

复 习 题

1. 手工钨极氩弧焊的工作原理是什么？
2. 手工钨极氩弧焊的焊丝分为哪两类？
3. 手工钨极氩弧焊目前常用的钨极为哪几种？各自的特点是什么？
4. 手工钨极氩弧焊的钨极端部形状有哪几种？如何选择？
5. 手工钨极氩弧焊的设备由哪几部分组成？
6. 手工钨极氩弧焊的焊接参数有哪些？
7. 如何选择手工钨极氩弧焊的电源极性？
8. 简述手工钨极氩弧焊平敷焊的停弧方法。
9. 简述手工钨极氩弧焊内平角焊的操作要点。

10. 简述小直径管水平固定打底层焊接的操作要点。
11. 简述骑座式管板垂直固定仰位焊盖面层的焊接方法。
12. 纯铝板焊接时会产生哪些缺陷？为什么？
13. 简述化学清理法清理铝焊件及焊丝表面的方法。
14. 如何检查氩气的保护效果？
15. 纯铜板焊接时会产生哪些缺陷？为什么？

单元七 CO_2 气体保护焊

课题一 CO_2 气体保护焊的理论知识

【学习任务】
1. 了解 CO_2 气体保护焊的特点,熟悉其常用的焊接材料。
2. 掌握 CO_2 气体保护焊设备的使用与维护。
3. 掌握 CO_2 气体保护焊焊接参数的选择原则。
4. 掌握 CO_2 气体保护焊的基本操作方法。

【理论知识一】 CO_2 气体保护焊概述

CO_2 气体保护焊从研究成功以来有 50 多年的历史,由于 CO_2 气体保护焊本身具有很多优点,已广泛用于焊接低碳钢、低合金结构钢及低合金高强度钢。在某些情况下,可以焊接耐热钢、不锈钢或用于堆焊耐磨零件及焊补铸钢件和铸铁件。

目前一些先进工业国家中 CO_2 气体保护焊应用非常广泛。美国、日本等国家气体保护焊的使用占常用焊接方法的一半以上。

我国从 1955 年开始研究 CO_2 气体保护焊,20 世纪 60 年代初开始用于生产。几十年来 CO_2 气体保护焊已在造船、机车制造、汽车制造、石油化工、工程机械、农业机械等部门广泛应用,成为重点推广的熔焊工艺。

一、CO_2 气体保护焊的工作原理

CO_2 气体保护焊是利用从喷嘴中喷出的 CO_2 气体隔绝空气,保护熔池的一种先进的熔焊方法。其焊接示意图如图 7-1 所示。

CO_2 气体保护焊又叫活性气体保护焊,简称为 MAG 焊或 MAG—C 焊。

从喷嘴中喷出的 CO_2 气体,在高温下分解为 CO 并放出氧气,温度越高 CO_2 的分解率越高,放出的氧气越多。在焊接条件下,CO_2 和 O_2 会使铁和其他合金元素氧化。因此,在进行 CO_2 气体保护焊时必须采取措施,防止母材和焊丝中合金元素的烧损。

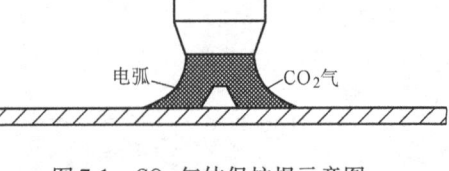

图 7-1 CO_2 气体保护焊示意图

二、CO_2 气体保护焊的特点

1. CO_2 气体保护焊的优点

1) CO_2 气体保护焊采用的电流密度大,焊丝的熔敷速度高,母材的熔深大。

2）CO_2 气体保护焊采用 CO_2 气体作保护，熔渣极少，电弧可见性好，便于观察和控制熔池，层间不必清渣。

3）CO_2 气体保护焊采用整盘焊丝，焊接过程中不必频繁更换焊丝，减少了停弧换焊丝的时间。

4）对油污、铁锈不敏感，对焊前清理的要求不高，只要工件上没有明显的黄锈，一般不必清除。

5）CO_2 气体保护焊电流密度高、热量集中；另外 CO_2 气体有冷却作用，受热面积小，所以焊后工件变形小。

6）CO_2 气体保护焊焊缝中扩散氢含量少，在焊接低合金高强钢时，出现冷裂纹的倾向较小。

7）CO_2 气体保护焊采用自动送丝，操作简单，容易掌握。

8）CO_2 气体保护焊的成本低，仅为焊条电弧焊的 40%～50%。

2. CO_2 气体保护焊的缺点

1）CO_2 气体保护焊焊后清理飞溅较麻烦。

2）CO_2 气体保护焊弧光较强，需加强防护。

3）室外进行 CO_2 气体保护焊作业时应采取必要的防风措施。

4）CO_2 气体保护焊的焊枪和送丝软管较重，在小范围内操作时不够灵活，特别是在使用水冷焊枪时很不方便。

三、CO_2 气体保护焊的电弧与熔滴过渡

1. CO_2 气体保护焊的电弧

（1）电弧的静特性　当弧长不变，电弧稳定燃烧时，电弧两端电压与电流的关系叫电弧的静特性。

由于 CO_2 气体保护焊采用的电流密度很大，电弧的静特性处于上升阶段，即焊接电流增加时，电弧电压增加。

（2）电源的极性　采用直流反接时，电弧稳定，飞溅小，焊缝成形较好，熔深大，焊缝金属中扩散氢的含量少。通常 CO_2 气体保护焊都采用直流反接。在堆焊及补焊铸件时，采用直流正接。

2. CO_2 气体保护焊的熔滴过渡形式

CO_2 气体保护焊的熔滴过渡大致可分为三种形式，如图 7-2 所示。

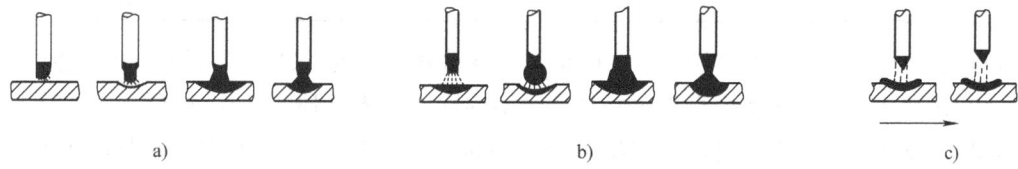

图 7-2　CO_2 气体保护焊的熔滴过渡形式

a）短路过渡　b）颗粒过渡　c）喷射过渡

(1) 短路过渡　当电流很小，电弧电压较低时形成短路过渡，这种过渡形式电弧稳定，飞溅小，焊缝成形好。它被广泛用于薄板和空间各种位置的焊接。

(2) 颗粒过渡　当焊接电流较大，电弧电压较高时，会出现颗粒过渡。颗粒过渡有以下三种形式：

1) 大颗粒过渡。当电弧电压较高，弧长较长，但焊接电流较小时形成大颗粒过渡。大颗粒过渡时，飞溅较多，焊缝成形不好，焊接过程很不稳定，没有应用价值。

2) 小颗粒过渡。对于 $\phi6mm$ 的焊丝，当焊接电流超过 400A 时，熔滴较细，过渡频率较高，形成小颗粒过渡，此时飞溅少，焊接过程稳定，焊缝成形良好，焊丝熔化效率高，这种过渡形式适于焊接中、厚板。

3) 喷射过渡。对于 $\phi1.6mm$ 的焊丝，当焊接电流超过 700A 时，发生喷射过渡。很大的熔滴如水流从焊丝端部脱落，如射流状冲向熔池，使熔池翻浆，焊缝成形很坏，CO_2 气体保护焊时不采用这种过渡形式。

(3) 半短路过渡　如果焊接电流和电弧电压处于上述两种情况中间时，即发生半短路过渡。此时焊缝成形较好，但飞溅很大。半短路过渡可用于 6～8mm 中厚度钢板的焊接。

【理论知识二】　焊接材料

一、焊丝

CO_2 气体保护焊用焊丝分为实心焊丝和药芯焊丝两种。

1. 实心焊丝

采用 CO_2 气体保护焊时，CO_2 气体对熔池有一定的氧化作用，使金属熔池中的合金元素烧损，而且容易产生气孔、飞溅。因此，为了防止气孔的产生，补偿合金元素的烧损，减少飞溅，要求焊丝成分中含有一定数量的脱氧元素，如锰、硅等。另外焊丝中含碳量应低，一般含碳量小于 0.1%。

常用的 CO_2 气体保护焊常用焊丝见表 7-1。

表 7-1　CO_2 气体保护焊常用焊丝

焊丝牌号	合金元素的质量分数（%）						用途
	C	Si	Mn	Cr	S	P	
H08MnSi	≤0.1	0.7～1.0	1.0～1.3	≤0.2	<0.03	<0.01	焊接低碳钢、低合金钢
H08MnSiA	≤0.1	0.6～0.85	1.4～1.7	≤0.2	<0.03	<0.035	焊接低碳钢、低合金钢
H08Mn2SiA	≤0.1	0.7～0.95	1.8～2.1	≤0.2	<0.03	<0.035	焊接低碳钢、低合金钢、低合金高强度钢

CO_2 气体保护焊焊接时选用焊丝，应根据焊件材料的性质、焊接接头的力学性能要求以及有关质量要求而定。如焊接低碳钢和低合金结构钢，可选用 H08MnSiA 焊丝。

CO_2 气体保护焊用焊丝直径通常在 0.5～5.0mm 范围内选取。半自动 CO_2 焊时主要用细焊丝，有 0.5mm、0.8mm、1.0mm、1.2mm 等几种直径。自动 CO_2 焊除可采用细焊丝外，还可采用直径为 1.6～5.0mm 的粗焊丝。焊丝表面有镀铜和不镀铜两种。镀铜的目的是防止焊丝生锈，有利于焊丝的存放和改善导电性。

2. 药芯焊丝

药芯焊丝是用薄钢带卷成圆形管或异形管,在其管中填充一定成分的药粉,经拉制而成的焊丝,通过调整药粉的成分和比例,可获得不同性能和不同用途的焊丝。

二、CO_2 气体

纯 CO_2 是无色、无嗅的气体,有酸味。密度为 $1.977kg/m^3$,比空气重。

工业上使用的一般为瓶装液态 CO_2,既经济又方便。规定钢瓶主体喷成银白色,用黑漆标明"二氧化碳"字样。标准钢瓶容量为40L,可灌入25kg 液态的 CO_2,约占钢瓶容积的80%,其余20%的空间充满了 CO_2 气体,气瓶压力表上指示的就是这部分气体的饱和压力。它的值与环境温度有关。温度高时,饱和气压增高;温度降低时,饱和气压降低。因此,应防止 CO_2 气瓶靠近热源或让烈日暴晒,以免发生爆炸事故。当气瓶内的液态 CO_2 全部挥发成气体后,气瓶内的压力才逐渐下降。

目前国内焊接使用的 CO_2 气体,主要是酿造厂、化工厂的副产品,含水分较高,纯度不稳定。水分的危害较大,一般要求焊接用 CO_2 气体的纯度不应低于99.5%(体积分数),其含水量不超过0.005%(质量分数)。

为保证焊接质量,应对这种瓶装气体进行处理,以减少其中的水分和空气,提高 CO_2 气体纯度。焊接现场降低 CO_2 气体中水分含量的措施有以下几种:

1) 将灌气后的气瓶倒置,静立 1~2h,使瓶内处于自然状态的水分沉积于瓶口顶部,然后打开瓶口气阀,放水 2~3 次,每次放水时间间隔约30min。

2) 使用前先打开瓶口气阀,放掉瓶内上部纯度较低的气体,然后再接输气管。

3) 在焊接气路系统中串接干燥器,以进一步减少 CO_2 气体的水分。

4) 气瓶中压力降到1MPa 时,应停止用气。因为气瓶中液态 CO_2 用完后,气体的压力将随气体的消耗而下降。当气瓶压力降至1MPa 以下时,CO_2 中所含的水分将增加 1 倍以上,如果继续使用,焊缝中将产生气孔。焊接对水比较敏感的金属时,当瓶中气压降至1.5MPa 时就不宜再用了。

【理论知识三】 CO_2 气体保护焊设备及使用

一、CO_2 气体保护焊设备

半自动 CO_2 气体保护焊设备由焊接电源、供气系统、送丝机构、控制系统和焊枪五部分组成,如图7-3 所示。

1. 焊接电源

CO_2 气体保护焊的电源均为直流,分为硅整流电源和旋转式直流弧焊机两大类。旋转式直流弧焊机体积大、噪声大、制造工艺复杂,且内部电抗大,已属淘汰产品,不再生产,但仍有使用。

(1) 对焊接电源的要求 要求电源具有平的或缓降的外特性曲线。电源输出电压和输出电流的关系叫做电源的外特性。当输出电流增加时,输出电压不变或缓慢降低的电源的外特性叫做平特性或缓降特性。

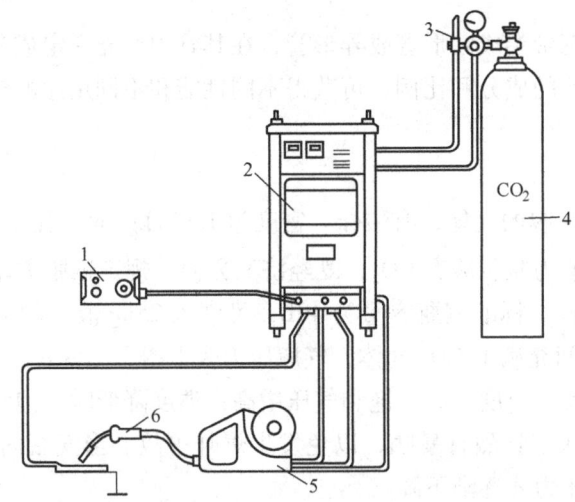

图 7-3 半自动 CO_2 气体保护焊设备示意图
1—遥控盒　2—电源　3—减压流量调节器　4—气瓶　5—送丝机　6—焊枪

（2）CO_2 气体保护焊电源的种类　根据焊接参数调节方法的不同，焊接电源可分为如下两类：

1）一元化调节电源。这种电源只需用一个旋钮调节焊接电流，控制系统自动使电弧电压保持在最佳状态，如果焊工对所焊焊缝不满意，可适当调整焊接电压，以保持最佳匹配。这类焊机使用时特别方便。

2）多元化调节电源。这种电源的焊接电流和电弧电压分别用两个旋钮调节，但这种控制方式调节参数较麻烦。

（3）焊接电源的基本参数

1）负载持续率。我国规定额定负载持续率为 60%，即在 5min 内，连续或累计燃弧 3min，辅助时间为 2min 时的负载持续率。

2）额定焊接电流。在额定负载持续率下，允许使用的最大焊接电流叫额定焊接电流。

3）允许使用的最大焊接电流。当负载持续率低于 60% 时，允许使用的最大焊接电流比额定焊接电流大，负载持续率越低，可以使用的焊接电流越大。允许使用的最大焊接电流可按下式计算：

允许使用的最大焊接电流 =（额定负载持续率/实际负载持续率）$^{1/2}$ × 额定焊接电流

2. 供气系统

供气系统的功能是向焊接区提供稳定的保护气体，供气系统由气瓶、减压流量调节器、干燥器及管路组成。

（1）减压流量调节器　减压流量调节器是将预热器、减压阀和流量计合装在一起，用来调节和测量保护气体的流量并预热气体。

（2）干燥器　干燥器内装有硅胶或无水氯化钙等干燥剂。干燥器串联在气路中，可降低 CO_2 气体中水分的含量，防止焊接时产生气孔。当 CO_2 气体中水蒸气的含量较低时，可不用干燥器。

3. 送丝机构

（1）送丝方式　送丝方式可分三种，如图7-4所示。

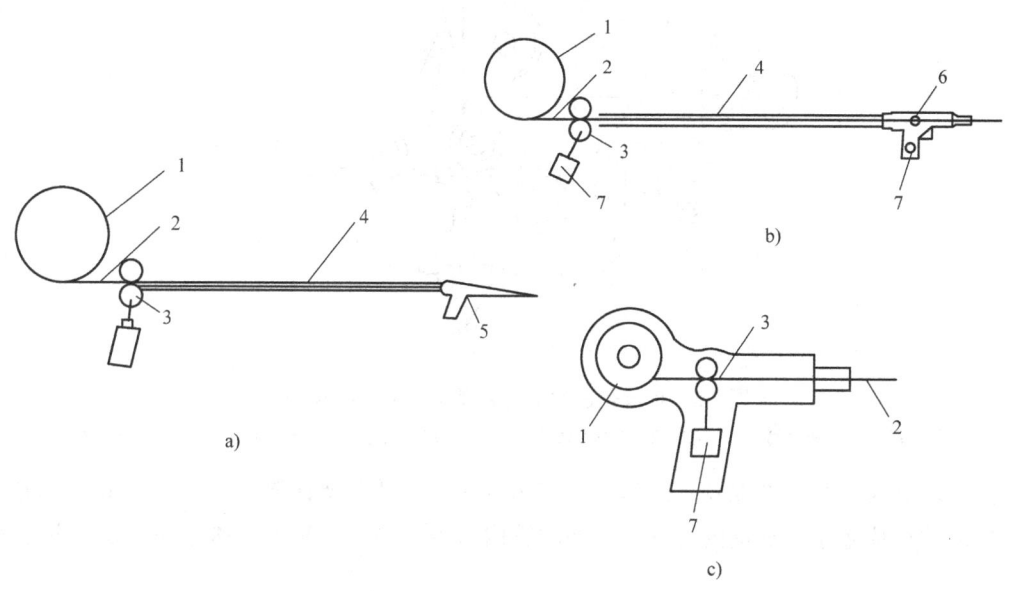

图7-4　送丝方式结构示意图
a）推丝式　b）推拉丝式　c）拉丝式
1—焊丝盘　2—焊丝　3—推丝轮　4—软管　5—焊枪　6—拉丝轮　7—推拉丝电动机

1）推丝式送丝系统（图7-4a）。焊丝由送丝滚轮推入送丝软管，再经焊枪上的导电嘴送至焊接电弧区。其特点是结构简单轻巧，使用灵活方便，可以采用较大直径的焊丝盘。因此被广泛地用于直径为0.5~1.2mm的焊丝。其主要缺点是对软管的质量要求高，送丝软管长度短，所以焊枪的活动范围较小。

2）推拉丝式送丝系统（图7-4b）。它的送丝动作是通过安装在焊枪内的拉丝电动机和送丝装置内的推丝电动机两者同步运转来完成的。同时通过自动调节，可使两者的进给力始终处在一方从属另一方的状态，这样就不会发生焊丝弯曲或送丝中断的现象。这种送丝方式，送丝软管可长达20~30m。但由于结构复杂，维修也比较困难，故采用较少。

3）拉丝式送丝系统（图7-4c）。它的特点是把送丝电动机、减速箱、送丝滚轮和小型焊丝盘都装在焊枪上，省去软管，结构紧凑，且焊枪的活动范围大。但比较笨重，适用于细直径焊丝焊接薄钢板。

（2）推丝式送丝机构　常见的推丝式送丝机构装焊丝操作步骤，如图7-5所示。

装焊丝时应根据焊丝直径选择合适的推丝轮，并调整好压紧力，若压紧力太大，将会在焊丝上压出棱边和很深的齿痕，送丝阻力增大，焊丝嘴内孔易磨损；若压紧力太小，则送丝不均匀，甚至送不出焊丝。

送丝软管是导送焊丝的通道。对软管的要求是内径大小要均匀合适，当焊丝通过时，摩擦阻力要小，并应有较好的挺度和弹性。送丝软管用钢丝绕制而成螺旋式弹簧管，也可用尼龙软管式聚四氟乙烯软管。

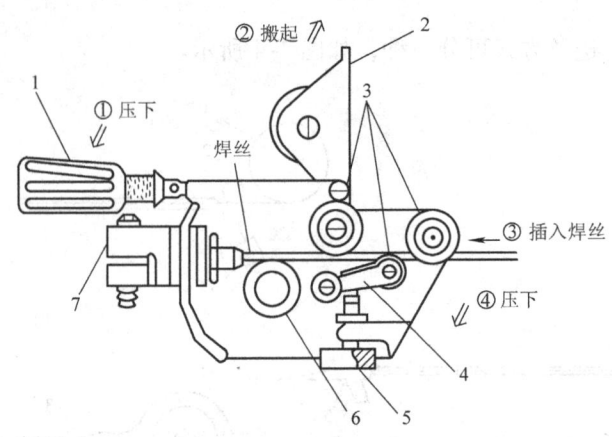

图 7-5 推丝式送丝机构装焊丝操作步骤示意图

1—压力螺钉 2—压力臂 3—校直轮 4—活动校正臂 5—校正调整螺钉 6—推丝轮 7—焊接电缆插座

送丝软管要进行定期保养，以延长其使用寿命，尤其是弹簧软管更应注意保养。软管使用一段时间后应置于汽油槽内清洗，去除软管内铁屑、油垢、灰尘及锈迹等，以减少送丝阻力。

4. 控制系统

控制系统是在 CO_2 气体保护焊过程中对焊接电源、供气、送丝等系统实现控制。

对供气系统的控制分三步进行：第一步提前送气 $1 \sim 2s$，然后引弧；第二步焊接，控制均匀送气；第三步收弧，滞后 $2 \sim 3s$ 停气，以便在金属熔池凝固过程中继续起到保护作用。

引弧时，可在送丝的同时接通电源，也可先接通电源后送丝。收弧时，为了避免焊丝末端与熔池粘连，应先停止送丝后停电。

5. 焊枪

焊枪的作用除导电外，还把送丝系统送出的焊丝导向熔池，同时将 CO_2 气体引向焊枪端部的喷嘴并喷射出来，有效地保护焊接区。

(1) 对半自动 CO_2 焊枪的要求　半自动 CO_2 焊枪应能在熔池和电弧周围形成保护性良好的气流，无紊流；焊丝通过顺畅，摩擦阻力小，冷却效果好，把握舒适、方便，结构紧凑，连接件与易损件容易更换，焊枪与电缆线、软管的连接柔软、轻巧、结实耐用。

(2) 半自动焊枪的种类　半自动焊枪按送丝方式可分为推丝式和拉丝式两种；按焊丝直径可分为粗丝和细丝两种；按冷却方式可分为水冷和气冷两种。

(3) 焊枪的喷嘴和导电嘴　喷嘴是焊枪的重要组成部分。喷嘴一般为圆柱形，不宜采用圆锥形或喇叭形。这样，有利于形成 CO_2 气体的层流，防止产生紊流。喷嘴的孔径一般在 $12 \sim 25mm$ 之间。当粗丝 CO_2 气体保护焊时可增大至 $40mm$。为了防止飞溅金属颗粒的粘附和易于清除，喷嘴用的材料应为导热性好、表面粗糙度好的金属（如纯铜）。也可采用铜钨粉末合金或采用镶嵌石墨衬套的纯铜喷嘴，不宜采用陶瓷喷嘴。

导电嘴的孔径及长度与焊接质量密切相关。孔径过小，送丝阻力增加；孔径过大，焊丝在孔内接触位置不固定，当焊丝伸出导电嘴后，形成偏摆度大，致使焊缝宽窄不一。严重时使焊丝与导电嘴间起弧而粘接或烧损。因此，其孔径（D）应根据焊丝直径（d）来确定，其关系式为：

$$D = d + (0.1 \sim 0.3)\text{mm}（当 d < 1.6\text{mm 时}）$$
$$D = d + (0.4 \sim 0.6)\text{mm}（当 d = 2 \sim 3\text{mm 时}）$$

焊丝伸出导电嘴的长度一般细丝为25mm，粗丝为35mm左右。制作导电嘴的材料可采用纯铜，也可用青铜、磷青铜。

二、焊机的使用与维护

1. 焊机的安装

（1）安装要求

1）电源电压、开关、熔丝容量必须符合焊机铭牌上的要求，千万不能接错。

2）每台设备都用一个专用的电源开关，设备与墙距离应大于0.3m，保证通风良好。设备导电外壳必须接地线，地线截面必须大于12mm。

3）凡需用水冷却的焊接电源或焊枪，在安装处必须有充足可靠的冷却水，冬天应注意防冻。

4）根据焊接电流的大小，正确选择电缆软线的截面。

（2）焊机的安装步骤　焊机安装前必须认真地阅读设备使用说明书，搞清基本要求后才能按下述步骤进行安装。

1）查清电源的电压开关和熔丝的容量。

2）焊接电源的导电外壳必须可靠接地。

3）按照使用要求将焊接电源输出端接好。

CO_2 气体保护焊通常都采用直流反接，可获得较大的熔深和生产效率。如果用于堆焊，为减小堆焊层的稀释率，最好采用直流正接。

4）接好流量计至焊接电源及焊接电源至送丝机处的送气管道。

5）接好减压流量调节器上的预热器的电缆，将插头插至焊机插座上并拧紧（接通预热器电源）。

6）接好焊枪与送丝机。

7）水冷却焊机或焊枪，则接好冷却水系统，冷却水的流量和水压必须符合要求。

8）接好焊接电源至供电电源开关间的电缆。

2. 半自动 CO_2 焊机常见故障及排除方法

半自动 CO_2 焊焊机常见故障及排除方法见表7-2。

表7-2　半自动 CO_2 焊焊机的常见故障及排除方法

故障性质	可能产生的原因	排除方法
焊丝送给不均匀	送丝滚轮压紧力不足 送丝滚轮磨损 焊丝弯曲 导电嘴内孔过小	调节滚轮压紧力 换新件 校直 换新件

(续)

故障性质	可能产生的原因	排除方法
送丝电动机不转动	电动机励磁线圈或电枢导线断路 碳刷与换向器接触不良	更换励磁线圈 接通导线 调整弹簧对碳刷的压紧力
焊接电压低	网路电压低 三相电源断相，可能有单相熔丝断路或有硅整流元件单相击穿 三相变压器单相断电或短路 接触器单相不供电 分挡开关导线脱焊	转动分挡开关使电压上升 更换新件 查出断电或短路原因并排除 查出坏损件并换新件 修理接触器接触点 找出脱焊处并焊好
焊接过程中产生熄弧和焊接参数波动大	导电嘴在引弧后损坏 焊丝弯曲大，送不出焊丝 焊接参数不合理 焊接电缆端松动 导丝管损坏 导电嘴内孔直径太大	换新件 校直焊丝 重新调整焊接参数并匹配好 焊牢或紧固电缆线 换新件 更换适合的导电嘴
未按送丝按钮而红灯亮，导电嘴碰到焊件短路	交流接触器触点常闭	更换或修理接触器

3. 使用 CO_2 焊机的注意事项

1）初次使用焊机前，必须认真阅读说明书，了解与掌握焊机性能，并在有关人员指导下进行操作。

2）严禁焊接电源短路。

3）严禁用兆欧表（摇表）去检查焊机主要电路和控制电路。如需检查焊机绝缘情况或其他问题，使用兆欧表时，必须将硅元件及半导体器件摘掉，方能进行。

4）使用焊机必须在室温不超过 40℃，湿度不超过 85%，无有害气体和易燃易爆气体的环境中。CO_2 气瓶不得靠近热源或在太阳光下直接照射。

5）焊机接地必须可靠。

6）焊枪不准放在焊机上，也不得随意乱扔乱放，应放在安全可靠的地方。

7）经常注意焊丝滚轮的送丝情况，如发现因送丝滚轮磨损而出现的送丝不良，应更换新件。使用时不宜把压丝轮调得过紧，但也不能太松，调到焊丝输出稳定可靠为宜。

8）定期检查送丝机构齿轮箱的润滑情况，必要时应添加或更换新的润滑油。

9）经常检查导电嘴的磨损情况，磨损严重时，应及时更换。

10）半自动 CO_2 焊机的送丝电动机要定期检查碳刷的磨损程度，磨损严重时要调换新碳刷。

11）必须定期对半自动 CO_2 焊焊丝输送软管以及弹簧管的工作情况进行检查，防止出现漏气或送丝不稳定等故障。对弹簧软管的内部要定期清洗，并排除管内脏物。

12）经常检查 CO_2 气体的预热器和干燥器的工作情况，保证对气体正常加热和干燥。

13）操作人员工作结束后或临时离开工作现场时，要切断电源，关闭水源和气源。

【理论知识四】 焊接参数的选择

CO_2 气体保护焊的焊接参数主要包括焊丝直径、焊接电流、电弧电压、焊接速度、焊丝伸出长度、气体流量、电源极性、焊枪倾角和喷嘴高度等。

一、焊丝直径

焊丝直径一般根据工件的厚薄、焊接位置及效率等要求来选择。焊丝直径的选择见表7-3。

表7-3 焊丝直径的选择

焊丝直径/mm	工件厚度/mm	焊 接 位 置	熔滴过渡形式
0.8	1~3	各种位置	短路过渡
1.0	1.5~6	各种位置	短路过渡
1.2	2~12	各种位置	短路过渡
	中厚	平焊、横角焊	细颗粒过渡
1.6	6~25	各种位置	短路过渡
	中厚	平焊、横角焊	细颗粒过渡
2.0	中厚	平焊、横角焊	细颗粒过渡

二、焊接电流

焊接电流是重要的焊接参数之一。应根据焊丝直径、焊接位置及要求的熔滴过渡形式来选择焊接电流的大小。焊丝直径与使用电流的关系见表7-4。

表7-4 焊丝直径与使用电流

焊丝直径/mm	使用电流范围/A	适应板厚/mm
0.8	50~150	0.8~2.5
1.0	90~250	1.5~6.0
1.2	120~350	2.0~12
1.6	300~500	6.0以上

三、电弧电压

电弧电压是重要的焊接参数之一。为保证焊缝成形良好，电弧电压必须与焊接电流匹配。通常焊接电流小时，电弧电压较低；焊接电流大时，电弧电压较高。

焊接打底层焊缝常采用短路过渡方式。在立焊和仰焊时，电弧电压应略低于平焊位置，以保证短路过渡过程稳定。

通常细丝焊接时，电弧电压为16~24V；粗丝焊接时，电弧电压为25~36V。采取短路过渡时，电弧电压应与焊接电流有一个最佳的配合范围，具体内容见表7-5。

表 7-5　短路过渡时电弧电压与焊接电流的关系

焊接电流/A	电弧电压/V	
	平焊	立焊和仰焊
75~120	18~21	18~19
130~170	19~23	18~21
180~210	20~24	18~22
220~260	21~25	—

四、焊丝伸出长度

焊丝伸出长度是指从导电嘴端部到工件的距离，保持焊丝伸出长度不变是保证焊接过程稳定的基本条件之一。

焊丝伸出长度过小，妨碍观察电弧，影响操作，还容易因导电嘴过热夹住焊丝，甚至烧毁导电嘴，破坏焊接过程正常进行。焊丝伸出长度太大时，电弧位置变化较大，保护效果变坏，将使焊缝成形不好，容易产生缺陷。

通常焊丝伸出长度近似等于 10 倍的焊丝直径。

五、焊接速度

焊接速度应根据焊件材料的性质与厚度来确定。焊接时电弧将熔化金属吹开，在电弧下形成一个凹坑，随后将熔化的焊丝金属填充进去，如果焊接速度太快，这个凹坑不能完全被填满，将产生咬边或下陷等缺陷；相反若焊接速度过慢，熔敷金属堆积在电弧下方，使熔深减小，将产生焊道不均、未熔合、未焊透等缺陷。

一般半自动 CO_2 焊时，焊接速度在 15~40m/h 的范围内，自动 CO_2 焊时在 15~30m/h 的范围内。

六、电源极性

CO_2 气体保护焊通常都采用直流反接，工件接负极，焊丝接正极。焊接过程稳定、飞溅小、熔深大。

堆焊、铸铁补焊及大电流高速 CO_2 气体保护焊大多采用直流正接，工件接正极，焊丝接负极，在电流相同时，焊丝熔化快（其熔化速度是反极性的 1.6 倍），熔深较浅、堆敷速度快、稀释率较小，但飞溅较大。

七、焊枪的倾角

当焊枪倾角小于 10°时，不论是前倾还是后倾，对焊接过程及焊缝成形都没有明显的影响；但倾角过大（如前倾角大于 25°）时，将增加熔宽并减小熔深，还会增加飞溅。

八、CO_2 气体流量

不同的接头形式，其焊接参数及作业条件对气体流量的选择都有影响。通常，细焊丝焊接时,气体流量为 8~15L/min,而粗焊丝焊接时,气体流量可达 25L/min。

【理论知识五】 焊接操作工艺

CO_2 气体保护焊焊接过程的稳定性,除调节设备选择合适的焊接参数外,更主要的是取决于焊工的实际操作水平。所以焊工必须熟悉 CO_2 气体保护焊的注意事项,掌握基本操作手法,并能灵活地运用这些技能,才能焊接出好的焊缝。

一、操作注意事项

1. 选择正确的持枪姿势

CO_2 气体保护焊的焊枪比焊条电弧焊焊钳要重,另外焊枪的送丝导管也会影响到焊工的操作,为了减轻焊工体力,使其能够长时间工作,必须根据焊接位置选择正确的持枪姿式。正确的持枪姿式应满足以下条件:

1)操作时一般手臂都处于自然状态,用身体的某个部位承担焊枪的重量,这样手腕才能灵活的带动焊枪平移或转动。

2)软管电缆最小的曲率半径应大于 300mm,防止增大焊丝送进阻力。

3)焊接过程中应保证焊枪倾角不变,并能清楚、方便地观察熔池。

4)将送丝机放在合适的地方,保证焊枪能在需要焊接的范围内自由移动。

下面推荐几种不同位置焊缝时的正确持枪姿式,如图 7-6 所示。

图 7-6 焊接不同位置焊缝时的正确持枪姿式

a)蹲位平焊 b)坐位平焊 c)立位平焊 d)站位立焊 e)站位仰焊

2. 其他注意事项

1)正确控制焊枪与工件间的倾角和喷嘴高度。

2)保持焊枪匀速向前移动。

3)保持摆幅一致的横向摆动。

焊接过程中不提倡采用大的横向摆动来获得较宽焊缝,而应采用多层多道焊。摆动方法基本同于焊条电弧焊。

二、焊接安全知识

1. 防辐射和灼伤

CO_2 气体保护焊时,由于电流密度大,弧温高,所以紫外线比一般焊条电弧焊强得多,容易引起电光性眼炎和皮肤的灼伤,出现红斑等症状。因此,工作时必须穿帆布工作服,戴焊工手套,以防辐射的伤害,同时也防飞溅灼伤。并要戴表面涂有氧化锌油漆的面罩,面罩上镶有 9~12 号的护目玻璃片，以保证全部吸收波长在 2000~4000Å 的紫外线。各焊接工作位置之间应设置专用的遮光屏。

2. 防中毒

CO_2 气体保护焊时，不仅产生烟雾和金属粉尘，而且还产生一氧化碳、臭氧、二氧化氮等有毒气体和烟尘。这些有毒气体和烟尘对人体都是有害的，其中一氧化碳毒性最大。因此，焊接场地要安装排风装置，使空气对流。在一些特殊恶劣的环境下操作时，应该直接向焊工工作场地输送新鲜空气或采用特制的能供给新鲜空气的面罩。

课题二 CO_2 气体保护焊的基本操作

CO_2 气体保护焊的基本操作技术包括引弧、收弧、接头、摆动等。但是 CO_2 气体保护焊操作比焊条电弧焊容易掌握，因为没有焊条送进运动，焊接过程中只需维持弧长不变，并根据熔池情况摆动和移动焊枪就可以了。本课题以平敷焊为例介绍其操作基本技术。

【实训任务】

1. 掌握 CO_2 气体保护焊引弧的操作要点。
2. 掌握 CO_2 气体保护焊运条、接头和收弧的操作要点。

【技能训练】

一、设备及材料

1. 设备

焊接设备有 CO_2 气体保护焊焊机 NBC—300、CO_2 气瓶、CLT—30 型 CO_2 减压流量调节器和焊枪。

2. 焊件

焊件为低碳钢板，规格为 300mm×200mm×8mm。

3. 焊接材料

焊接材料有 CO_2 气体（纯度 >99.5%），焊丝为 H08Mn2Si，直径为 1.2mm。

4. 辅助工具

辅助工具有头盔式面罩、10 号电焊镜片、帆布工作服、绝缘鞋和绝缘手套。

二、实训步骤及操作要点

1. 操作前的准备

1）焊接前先用角向磨光机或其他方法去除焊件及焊丝表面的油污、铁锈及其他污物。

2）电源极性为直流反接。

3）在焊件上沿 300mm 方向每隔 20mm 画一条直线。

2. 焊枪及焊丝角度

焊枪及焊丝的角度如图 7-7 所示。

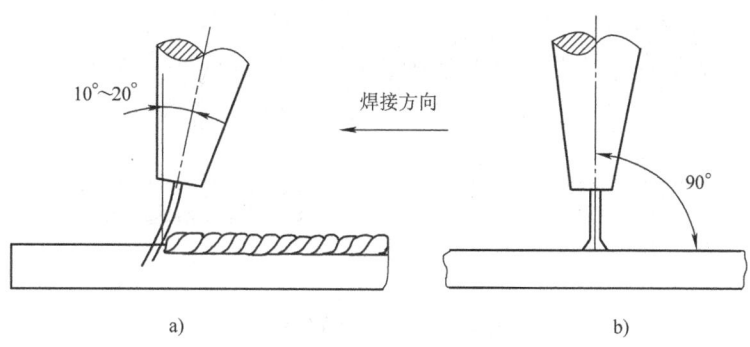

图 7-7 焊枪及焊丝的角度
a) 焊枪及焊丝倾角 b) 焊枪及焊丝夹角

3. 焊接参数

焊接参数见表 7-6。

表 7-6 CO_2 气体保护焊平敷焊的焊接参数

焊接电流/A	电弧电压/V	焊接速度/（m/h）	CO_2 气体流量/（L/min）
130~140	20~22	18~25	10~12

4. 引弧

CO_2 气体保护焊引弧采用直接接触法引弧。由于电源空载电压低，引弧比较困难，引弧时焊丝与焊件不要接触太紧，如果接触太紧或接触不良都会引起焊丝成段烧断。为此，引弧前要求焊丝端头与焊件保持 2~3mm 的距离，同时应剪掉粗大的焊丝球状端头。因为球状端头的存在等于加粗了焊丝直径，并在该球面端头表面上覆盖了一层氧化膜，对引弧不利。若操作不熟练时，最好双手持焊枪。

按焊枪上的控制开关，焊机自动提前送气，延时接通电源，保持高电压、慢送丝，当焊丝碰撞工件短路后，自动引燃电弧。

短路时焊枪有自动顶起的倾向，故引弧时要稍用力下压焊枪，防止因焊枪抬起太高、电弧太长而熄灭。

5. 焊接基本操作

（1）起头 起头和焊条电弧焊一样，焊道高而熔深浅。为了解决这个问题，可在引弧之后，先将电弧稍微拉长一些，以此达到对焊道端部适当预热的目的，然后再压缩电弧进行起端的焊接。这样可以获得有一定熔深和成形比较整齐的焊道。

采用短路过渡进行焊接，引弧并使焊道的起始端端头充分熔合后，使焊丝保持一定的高度和角度，并以稳定的速度沿直线向前移动。

（2）运条 运条时焊工的主要任务是保持焊枪有合适的倾角和喷嘴高度，沿焊接方向尽可能地均匀移动，当坡口较宽时，为保证两侧熔合良好，焊枪还要作横向摆动。

焊枪的摆动方式可分为直线移动、锯齿形摆动、月牙形摆动、正三角形摆动和斜圆圈形摆动等几种。CO_2 气体保护焊的摆动方式如图 7-8 所示。

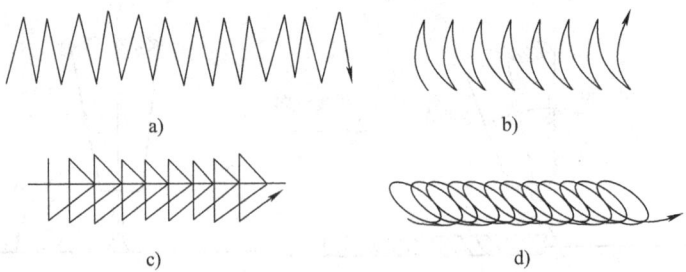

图 7-8 CO_2 气体保护焊的摆动方式

a）锯齿形摆动 b）月牙形摆动 c）正三角形摆动 d）斜圆圈形摆动

直线运动时焊丝只沿画好的线移动，不做摆动，焊出的焊道宽度应较小。

焊枪的横向摆动有以下基本要求：

1）摆动时以手臂操作为主，以手腕作辅助来控制和掌握运丝角度。

2）左右摆动的幅度要一致。但 CO_2 气体保护焊焊枪摆动的幅度应比焊条电弧焊小些。

3）锯齿形和月牙形摆动时，为了避免焊缝中心过热，摆到中心时要加快速度，而到两侧时则应稍微停顿一下。

焊丝的运动方向有右向焊法和左向焊法。

右向焊的优点是熔池能得到良好的保护，加热集中，热量可以充分利用；并且在电弧的吹力作用下，将熔池金属推向后方，可以得到外形比较饱满的焊道。缺点是不易准确掌握焊接方向，容易焊偏，尤其是对接焊时很明显。

左向焊的优点是电弧对焊件金属有预热作用，能得到较大的熔深，焊缝形状得到改善；能清楚地掌握焊接方向，不易焊偏。缺点是观察熔池困难。一般半自动 CO_2 焊时都采用带有前倾角的左向焊法，前倾角为 $10°\sim15°$，如图 7-9 所示。

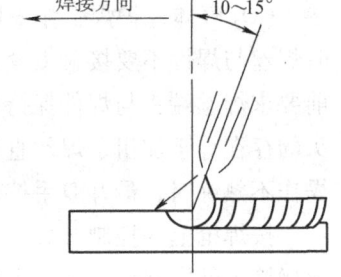

图 7-9 带有前倾角的左向焊法

（3）接头 焊道接头一般采用退焊法，其操作要点与焊条电弧焊接头方法相似。

（4）收弧 一条焊道焊完后，应注意将收尾处的弧坑填满。如果收尾时立即断弧，则会形成低于焊件表面的弧坑。过深的弧坑会使焊道收尾处的强度减弱，并且容易造成应力集中而产生裂纹。

当采用细丝 CO_2 保护气体短路过渡焊接时，电弧长度短，弧坑较小，不需作专门的处理，只要按焊机的操作程序收弧即可。如采用粗丝（直径大于 1.6mm）、大电流焊接，并使用长弧时，由于电弧电流及电弧吹力都大，如果收弧过快，会产生弧坑缺陷。所以，收弧时应在弧坑处稍作停留，然后缓慢地抬起焊枪，在熔池凝固前必须继续送气。

三、质量评定

质量评定标准与焊条电弧焊的平敷焊相同。

课题三 板对接焊

板对接焊是每个焊工的必考项目。板对接接头的平焊、立焊、横焊、仰焊的单面焊双面成形焊接技术,是焊接管板接头和管子接头的基础。CO_2气体保护焊的操作技术难度要比焊条电弧焊小,特别是对熟练的焊条电弧焊焊工来说更简单。本课题主要讲解厚板对接接头的平焊、立焊、横焊、仰焊的单面焊双面成形技术。

【实训任务】

1. 掌握CO_2气体保护焊厚板对接的定位焊要求。
2. 掌握CO_2气体保护焊厚板对接各种位置的焊接参数及焊枪角度的选择。
3. 掌握CO_2气体保护焊厚板对接各种位置的打底层、填充层及盖面层的焊接操作要点。

【技能训练】

一、设备及材料

1. 设备

焊接设备有CO_2气体保护焊焊机NBC—300、CO_2气瓶、CLT—30型、CO_2减压流量调节器和焊枪。

2. 焊件

焊件为低碳钢板,每组每个位置2块,规格为300mm×100mm×12mm,60°V形坡口。

3. 焊接材料

焊接材料有CO_2气体(纯度>99.5%),焊丝为H08Mn2Si,直径为1.2mm。

4. 辅助工具

辅助工具有头盔式面罩、10号电焊镜片、帆布工作服、绝缘鞋和绝缘手套。

二、实训步骤及操作要点

1)焊接前先用角向磨光机或其他方法去除焊件坡口两侧20mm范围内的油污、铁锈及其他污物,直至露出金属光泽。

2)电源极性为直流反接。

技能训练内容(一) 平对接焊

1. 焊件装配尺寸与定位焊

定位焊应在焊件两端各20mm的坡口内,定位焊缝长度≤15mm,定位焊要牢固。CO_2气体保护焊板平对接焊的装配尺寸见表7-7。反变形角度为3°。

表7-7 平对接焊的装配尺寸

根部间隙/mm		钝边/mm	错边量
始焊端	终焊端		
3	4	1~1.5	≤10%δ

2. 焊接层次及焊接参数

焊接层次为三层三道。焊接参数见表 7-8。

表 7-8 平对接焊的焊接参数

焊接层次	焊丝伸出长度/mm	焊接电流/A	电弧电压/V	CO_2 气体流量/(L/min)
打底层	16~20	90~110	18~20	10~12
填充层	16~20	220~240	21~23	16~20
盖面层		230~250	25	18~20

3. 焊枪及焊丝角度

焊枪及焊丝角度如图 7-10 所示。

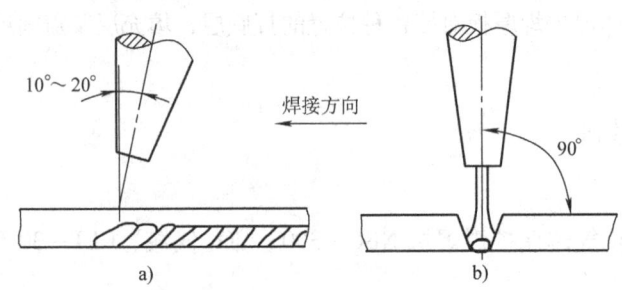

图 7-10 平对接焊的焊枪及焊丝角度
a) 焊枪及焊丝倾角　b) 焊枪及焊丝夹角

4. 打底层的焊接

打底层的焊接采用左向焊法，间隙小的放在右端。打底层的焊接参数见表 7-8。

调整好焊枪角度后，在焊件右端起焊点左侧约 20mm 处坡口的一侧引弧，待电弧引燃后迅速右移至焊件右端头，然后向左开始焊接打底层焊道，焊枪沿坡口两侧作小幅度横向摆动，并控制电弧在离底边约 2~3mm 处燃烧，当坡口底部熔孔直径达到 3~4mm 时转入正常焊接。

打底层焊接时应注意以下事项：

1) 电弧在坡口内作小幅度横向摆动，摆动幅度要一致，摆动时要在坡口两侧稍微停留，使熔孔直径比间隙大 0.5~1mm，同时焊接过程中要仔细观察熔孔，随时调整横向摆动幅度和焊接速度，使熔孔的大小一致，以获得宽窄和高低均匀的背面成形。

2) 为保证坡口两侧熔合良好，电弧在坡口两侧应稍作停留。

3) 打底焊时，要严格控制喷嘴的高度，电弧必须在离坡口底部 2~3mm 处燃烧，保证打底层厚度不超过 4mm。

5. 填充层的焊接

焊接填充层采用左向焊法。填充层的焊接参数见表 7-8。焊枪的角度与打底焊相同，横向摆动的幅度比打底焊时稍大，应注意熔池两侧的熔合情况，保证焊道表面平整并稍向下凹。

焊接填充层时不允许烧化坡口边缘，并使焊缝低于焊件表面 2mm 左右。

6. 盖面层的焊接

盖面层的焊接参数见表7-8，采用左向焊法进行焊接。焊枪的角度与打底焊相同。

焊接盖面层应注意以下事项：

1）焊枪的横向摆动幅度比填充焊时稍大，并且要在坡口两侧稍作停留，保证焊缝两侧熔合良好。

2）焊缝应超过坡口边缘0.5~1.5mm，并防止咬边。

3）尽量保持焊接速度均匀，使焊缝外形美观。

4）收弧时要填满弧坑，防止产生弧坑裂纹。

技能训练内容（二）　立对接焊

1. 焊件装配尺寸与定位焊

焊件装配尺寸与定位焊的要求与技能训练内容（一）相同。

2. 焊接层次及焊接参数

焊接层次为三层三道。焊接参数见表7-9。

表7-9　立对接焊的焊接参数

焊接层次	焊丝伸出长度/mm	焊接电流/A	电弧电压/V	CO_2气体流量/（L/min）
打底层	16~20	90~110	18~20	12~15
填充层		130~150	20~22	
盖面层		130~150	20~22	

3. 焊枪角度

立对接焊的焊枪角度如图7-11所示。

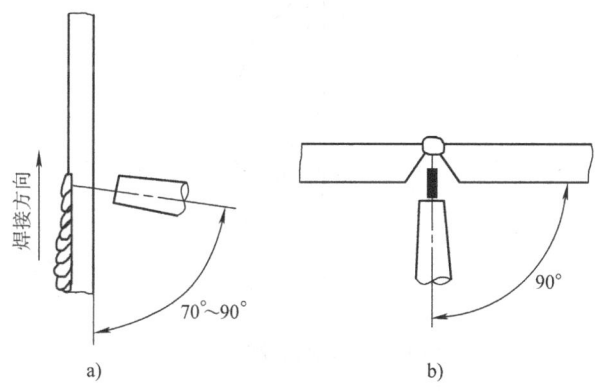

图7-11　立对接焊的焊枪角度

a）焊枪倾角　b）焊枪夹角

4. 打底层的焊接

打底层的焊接参数见表7-9，调整好焊枪角度后，在焊件下端定位焊缝上引弧，使电弧沿焊缝中心作小间距横向摆动，当电弧超过定位焊缝并形成熔孔时，转入正常焊接。

焊枪横向摆动的方式有锯齿形摆动或上凸月牙形摆动，如图7-12所示。

焊接过程中要特别注意观察熔池和熔孔的变化，不能让熔池太大。

收弧时,待电弧熄灭,熔池完全凝固以后,才能移开焊枪,以防收弧区因保护不良而产生气孔。

5. 填充层的焊接

填充层采用立向上焊,其焊接参数见表7-9。焊接填充层焊缝需注意以下事项:

1)焊枪横向摆动幅度比打底焊时要大,电弧在坡口两侧稍停留,保证焊道两侧熔合好。

2)填充焊道比焊件上表面低2mm左右,不允许烧坏坡口的边缘。

6. 盖面层的焊接

盖面层的焊接参数见表7-9,在焊件下端引弧,采用立向上焊接,锯齿形摆动,摆幅较填充层焊接时大,焊缝应超过两侧坡口边缘0.5~1.5mm。

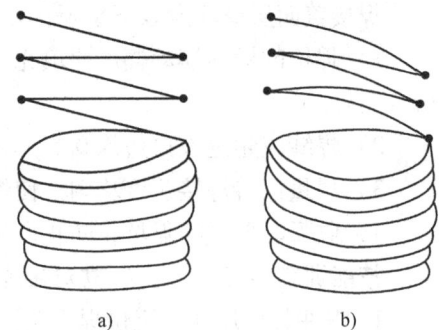

图7-12 立对接焊焊枪的摆动方法
a)锯齿形摆动 b)上凸月牙形摆动

收弧时待电弧熄灭,熔池凝固后,才能移开焊枪,以免局部产生气孔。

技能训练内容(三) 横对接焊

1. 焊接装配尺寸及定位焊

焊接装配尺寸及定位焊的要求与技能训练内容(一)相同,横对接焊反变形角度为5°~6°。

2. 焊接层次及焊接参数

焊接层次为三层六道,如图7-13所示。焊接参数见表7-10。

图7-13 横对接焊的焊接层次

表7-10 横对接焊的焊接参数

焊接层次	焊丝伸出长度/mm	焊接电流/A	电弧电压/V	CO_2气体流量/(L/min)
打底层	16~20	100~110	18~20	15~18
填充层		130~150	20~22	
盖面层		130~150	22~24	

3. 打底层的焊接

打底层焊道采用左向焊法焊接。打底层的焊接参数见表7-10,焊枪角度如图7-14所示。

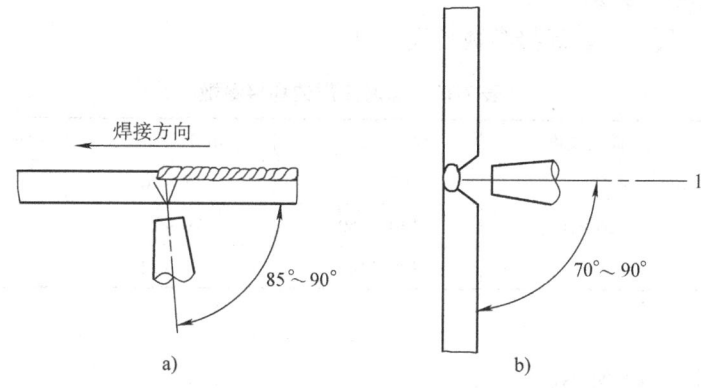

图 7-14 横对接焊打底层焊接的焊枪角度
a) 焊枪倾角 b) 焊枪夹角

在焊件右端定位焊缝上引燃电弧,采用左向焊锯齿形小幅度摆动,当起焊点左侧形成熔孔后,保持熔孔边缘超过坡口两侧边缘 0.5~1mm。

焊接过程中要随时调整焊接速度及焊枪摆幅,尽可能地维持熔孔直径不变,焊至左端收弧。

4. 填充层的焊接

填充层的焊接参数见表 7-10,焊枪角度如图 7-15 所示。焊接焊道 2 时电弧以打底焊道的下缘为中心做横向摆动,保证下坡口熔合好。焊填充焊道 3 时,电弧以打底焊道上缘为中心,在焊道和坡口上表面间摆动,保证熔合良好。

5. 盖面层的焊接

盖面层的焊接参数见表 7-10,焊枪角度如图 7-16 所示。焊接第 4 条焊道时注意好焊接速度防止焊道过厚,焊道下边缘应与母材熔合良好,平滑过渡。焊接第 5、6 道焊道时应覆盖上一焊道的 1/3~1/2,第 6 条焊道与上侧母材熔合良好。

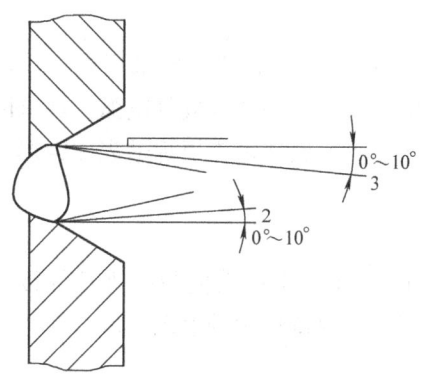

图 7-15 横对接焊填充层的焊枪角度

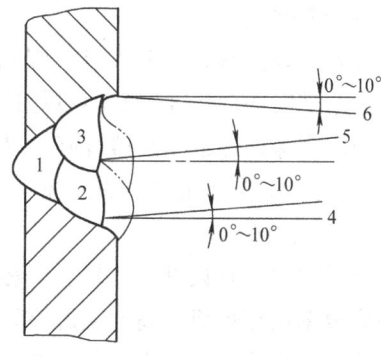

图 7-16 横对接焊盖面层的焊枪角度

技能训练内容(四)　仰对接焊

1. 焊接装配尺寸及定位焊

焊接装配尺寸及定位焊要求与技能训练内容(一)相同。

2. 焊接层次及焊接参数

焊接层次为三层三道。焊接参数见表7-11。

表7-11 仰对接焊的焊接参数

焊接层次	焊丝伸出长度/mm	焊接电流/A	电弧电压/V	CO_2气体流量/（L/min）
打底层		85~95	18~20	
填充层	16~20	130~150	20~22	15~18
盖面层		120~140	20~22	

3. 焊枪角度

焊枪角度如图7-17所示。

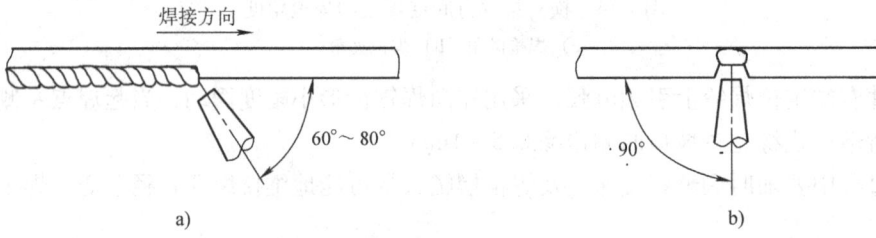

图7-17 仰对接焊的焊枪角度
a) 焊枪倾角　b) 焊枪夹角

4. 打底层的焊接

打底焊的焊接参数见表7-11，焊枪角度如图7-17所示。仰焊打底层焊接采用右向焊法，焊枪开始作小幅度的锯齿形摆动，熔孔形成后转入正常焊接。

焊接过程中不能让电弧脱离熔池，利用电弧吹力防止熔融金属下淌。

焊接打底层焊道时，必须注意控制熔孔的大小，既保证焊缝根部焊透，又防止焊道背面下凹、正面下坠。

5. 填充层的焊接

填充焊的焊接参数见表7-11，焊枪角度如图7-17所示。仰焊填充层采用右向焊法，焊枪以稍大的横向摆动幅度开始向右焊接。焊接填充层焊道时，必须掌握好电弧在坡口两侧的停留时间，既保证焊道两侧熔合好，又不使焊道中间下坠。保持填充层焊道表面距焊件下表面2mm左右，不能熔化坡口的边缘。

6. 盖面层的焊接

盖面层的焊接参数见表7-11，焊枪角度如图7-17所示。采用右向焊法进行焊接。焊接过程中应根据填充焊缝的高度，调整焊接速度，尽可能地保持均匀的摆动幅度，使焊道平直均匀，不产生两侧咬边、中间下坠等缺陷。

三、质量评定

质量评定标准与焊条电弧焊平板对接相同。

课题四 管板焊接

根据管板接头结构的不同，管板焊接可分为骑座式与插入式两种。

插入式管板操作技术要求不高，而骑座式管板的焊接需掌握单面焊双面成形技术，难度较大。根据管板接头在空间位置的不同，又分为管板垂直固定俯位焊，管板垂直固定仰位焊和管板水平固定焊。

管板焊接的难点是焊工必须根据管子的曲率变化连续转动手腕，不断地调整焊枪角度和电弧对中位置，才能保证获得无咬边的对称焊脚，这需要反复练习才能掌握。本课题主要讲述骑座式管板的焊接技术。

【实训任务】

1. 掌握 CO_2 气体保护焊各种位置管板焊接的定位焊要求。
2. 掌握 CO_2 气体保护焊各种位置管板焊接的焊接参数及焊枪角度。
3. 掌握 CO_2 气体保护焊各种位置管板焊接的打底层、填充层及盖面层的操作要点。

【技能训练】

一、设备及材料

1. 设备

焊接设备有 CO_2 气体保护焊焊机 NBC—300、CO_2 气瓶、CLT—30 型 CO_2 减压流量调节器和焊枪。

2. 焊件

焊件为低碳钢板，每个位置每组 1 套：管子 1 根，规格为 $\phi 60mm \times 100mm \times 5mm$，50°V 形坡口；板 1 块，规格为 $100mm \times 100mm \times 12mm$，中间加工 $\phi 50mm$ 孔。

3. 焊接材料

焊接材料有 CO_2 气体（纯度 >99.5%），焊丝为 H08Mn2Si，直径为 1.2mm。

4. 辅助工具

辅助工具有头盔式面罩、10 号电焊镜片、帆布工作服、绝缘鞋和绝缘手套。

二、实训步骤及操作要点

1）焊接前先用角向磨光机或其他方法去除焊件坡口两侧 20mm 范围内的油污、铁锈及其他污物，直至露出金属光泽。

2）电源极性为直流反接。

技能训练内容（一） 骑座式管板垂直固定俯位焊

1. 焊接装配尺寸及定位焊

焊接装配尺寸见表 7-12。

表7-12　骑座式管板垂直固定俯位焊的装配尺寸

根部间隙/mm		钝边/mm	错边量
始焊端	终焊端		
2.5	3.2	0~1	≤10%δ

定位焊采用两点定位，间隔120°，定位焊缝长度≤10mm。

2. 焊接层次及焊接参数

焊接层次为二层三道。焊接参数见表7-13。

表7-13　管板垂直固定俯位焊的焊接参数

焊接层次	焊丝伸出长度/mm	焊接电流/A	电弧电压/V	气体流量/（L/min）
打底层	16~20	90~110	19~21	12~15
盖面层		130~150	22~24	

3. 焊枪及焊丝角度

焊枪及焊丝角度如图7-18所示

4. 打底层的焊接

打底层的焊接参数见表7-13，焊枪及焊丝角度如图7-18所示。在定位焊缝上引弧，形成熔孔后，采用左向焊法以小锯齿形或小月牙形摆动，沿管子外圆焊接，并随时根据间隙调整焊接速度，尽可能地保持熔孔直径一致。

焊接过程中，焊工的上身最好跟着焊枪的移动方向前倾，以便清楚地观察焊接熔池，直至不易观察熔池处停弧。

停弧：停弧时应将电弧移至孔板侧。

接头：接头时将焊丝顶端对准熔池最高点处引弧，然后以小锯齿形摆动向左焊接，当电弧摆动到熔池最低处，形成新的熔孔后，再进行正常的焊接。

收弧：当焊接至起焊点时，电弧应向熔池前端移动，将电弧热量分散到坡口根部和起焊点处，保证焊透并填满弧坑。

5. 盖面层的焊接

盖面层的焊接参数见表7-13，焊枪及焊丝角度如图7-18所示。焊接第2条焊道时应保证其下边与孔板熔合良好，焊接第3条焊道时焊枪稍作摆动，摆动幅度以焊脚尺寸要求为准，当摆到焊道上边缘时应稍作停留，并减小焊枪角度，防止产生咬边。

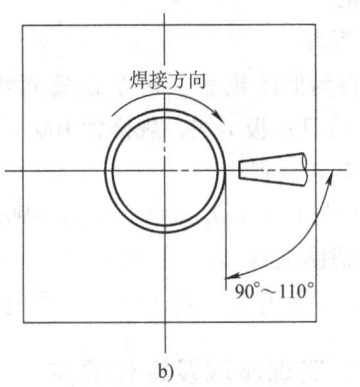

图7-18　管板垂直固定俯位焊的焊枪及焊丝角度
a）焊枪及焊丝夹角　b）焊枪及焊丝倾角

技能训练内容（二）　管板水平固定焊

1. 焊接装配尺寸及定位焊

焊接装配尺寸及定位焊的要求与技能训练内容（一）相同。

2. 焊接层次及焊接参数

焊接层次为二层二道。焊接参数见表 7-14。

表 7-14　管板水平固定焊的焊接参数

焊接层次	焊丝伸出长度/mm	焊接电流/A	电弧电压/V	气体流量/（L/min）
打底层	16~20	90~100	19~20	12~15
盖面层		110~130	20~22	

3. 焊枪及焊丝角度

焊枪及焊丝的角度如图 7-19 所示。

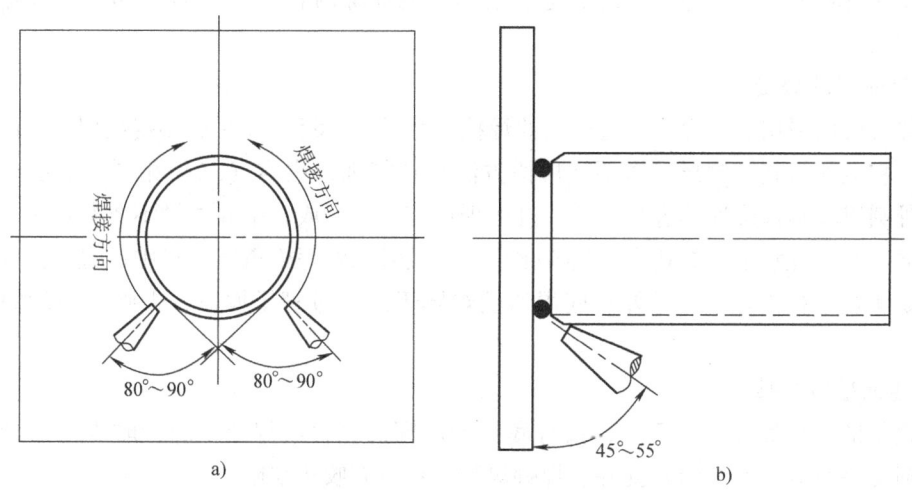

图 7-19　管板水平固定焊焊枪及焊丝的角度

a）焊枪及焊丝倾角　b）焊枪及焊丝夹角

4. 打底层的焊接

打底层的焊接参数见表 7-14，焊枪及焊丝角度如图 7-19 所示。整圈焊缝分两个半圈进行，先沿逆时针方向焊前半周，焊接时必须从管子下顶点偏左 10mm 处起焊。从孔板侧坡口根部引弧并预热，形成第一个焊点立即灭弧，再迅速在第一个焊点的 1/2 位置引弧形成第二个焊点，如此反复直到与管侧坡口根部搭接，形成搭桥和熔孔，然后再以小锯齿形摆动进行焊接。焊接完前半周后再以同样的方法焊接后半周。

停弧、接头和收弧的方法与技能训练内容（一）相同。

5. 盖面层的焊接

盖面层的焊接参数见表 7-14。焊枪角度与打底焊相同，焊枪摆动幅度要大，并保证焊道两侧熔合良好，防止咬边。

技能训练内容（三）　　管板垂直固定仰位焊

1. 焊接装配尺寸及定位焊

焊接装配尺寸及定位焊的要求与技能训练内容（一）相同。

2. 焊接层次及焊接参数

焊接层次为二层二道。焊接参数见表 7-15。

表 7-15　管板垂直固定仰位焊的焊接参数

焊接层次	焊丝伸出长度/mm	焊接电流/A	电弧电压/V	气体流量/（L/min）
打底层	16~20	90~110	18~20	12~15
盖面层		110~130	20~22	

3. 焊枪及焊丝角度

骑座式管板垂直固定仰位焊的焊枪角度和技能训练内容（二）基本相同，只是与板侧夹角稍大点。

4. 打底层的焊接

焊接打底层采用右向焊法。打底层的焊接参数见表 7-15。在始焊端定位焊缝上的孔板侧引弧，并将电弧拉到管侧形成搭桥，搭桥方法与技能训练内容（二）相同，然后由左向右沿管子外圆以小锯齿形摆动进行焊接，打底焊道应一气呵成，中间尽量不要有接头。

打底焊时应注意根据熔孔直径的变化情况，及时调整焊枪角度、对中位置、摆幅和焊接速度，防止烧穿或未焊透，另外打底焊道的焊脚不准超过管子坡口，否则盖面后焊脚会超差。

5. 盖面层的焊接

盖面层的焊接参数见表 7-15，按打底焊的步骤焊完盖面焊道，焊接时焊枪摆动幅度要大，同时需注意焊道两侧熔合良好、焊脚对称，且没有咬边缺陷。

三、质量评定

质量评定标准同焊条电弧焊管板焊接。

课题五　管子对接

管子对接按管径的大小可分为大直径管子对接和小直径管子对接，按焊接位置又可分为管子水平转动焊、管子水平固定焊和管子垂直固定焊，大直径管子对接焊操作难度小，本课题主要讲述小直径管子的三种焊接位置的操作要点。

【实训任务】

1. 掌握 CO_2 气体保护焊各种位置小直径管焊接的定位焊要求。

2. 掌握 CO_2 气体保护焊各种位置小直径管焊接的焊接参数及焊枪角度。

3. 掌握 CO_2 气体保护焊各种位置小直径管焊接的打底层、填充层及盖面层的操作要点。

【技能训练】

一、设备及材料

1. 设备

焊接设备有 CO_2 气体保护焊焊机 NBC—300、CO_2 气瓶、CLT—30 型 CO_2 减压流量调节器和焊枪。

2. 焊件

焊件为低碳钢管，每个位置每组 1 套：管子 2 根，规格为 $\phi 60mm \times 100mm \times 6mm$，V 形坡口，无钝边。

3. 焊接材料

焊接材料有 CO_2 气体（纯度 >99.5%），焊丝为 H08Mn2Si，直径为 1.2mm。

4. 辅助工具

辅助工具有头盔式面罩、10 号电焊镜片、帆布工作服、绝缘鞋和绝缘手套。

二、实训步骤及操作要点

1）焊接前先用角向磨光机或其他方法去除焊件坡口两侧 20mm 范围内的油污、铁锈及其他污物，直至露出金属光泽。

2）电源极性为直流反接。

技能训练内容（一） 小直径管子水平转动焊

1. 焊件装配尺寸及定位焊

焊件装配尺寸见表 7-16。

表 7-16 小直径管子水平转动焊的装配尺寸

根部间隙/mm	钝边/mm	错边量
2.5~3.2	0~1	$\leq 10\%\delta$

定位焊采用两点定位，间隔 120°，定位焊缝长度 ≤10mm。

2. 焊接层次及焊接参数

焊接层次为单层单道。焊接参数见表 7-17。

表 7-17 小直径管子水平转动焊的焊接参数

焊丝伸出长度/mm	焊接电流/A	电弧电压/V	气体流量/（L/min）
16~20	90~110	19~20	12~15

3. 焊枪及焊丝角度

焊枪及焊丝的角度如图 7-20 所示。

4. 焊接要点

小直径管子水平转动焊的焊缝始终处于平焊位置，其具体操作方法与板平对接焊打底层的焊接方法基本相同，不同的是管子水平转动焊的焊枪角度在焊接过程中是变化的。其焊枪角度如图 7-20 所示。

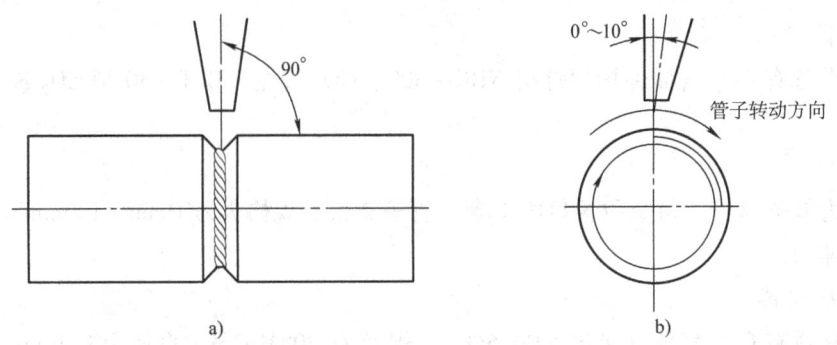

图 7-20　小直径管子水平转动焊的焊枪及焊丝角度
a) 焊枪及焊丝夹角　b) 焊枪及焊丝倾角

焊接时采用左向焊法，单层单道焊。将间隙小的定位焊点转至时钟 1 点的位置，然后在 1 点处的定位焊缝上引弧，并从右向左焊至 11 点处灭弧，立即用左手将管子按顺时针方向转一个角度，将灭弧处转到 1 点处再焊接，如此不断地转动，直到焊完一圈为止。焊接过程中要特别注意使熔池保持在平焊位置，管子转动速度不能太快。

技能训练内容（二）　小直径管子水平固定焊

1. 焊接装配尺寸及定位焊

焊接装配尺寸及定位焊的要求与技能训练内容（一）相同。

2. 焊接层次及焊接参数

焊接层次及焊接参数与技能训练内容（一）相同。

3. 焊枪及焊丝角度

焊枪及焊丝的角度如图 7-21 所示。

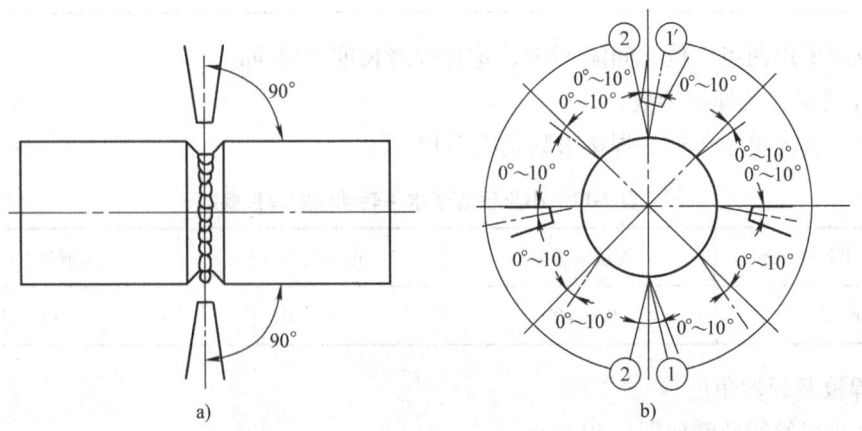

图 7-21　小直径管子水平固定焊的焊枪及焊丝角度
a) 焊枪及焊丝夹角　b) 焊枪及焊丝倾角

4. 焊接要点

小直径管子水平固定焊的焊缝在圆周上,它涉及到仰焊、立焊和平焊三种焊接位置,其具体的操作方法与板对接焊相应位置打底层的操作方法基本相同,不同的是管子水平固定焊时焊枪角度需要随时变化。小直径管子水平固定焊的焊枪角度如图7-21所示。

小直径管子水平固定焊采用左向焊法,单层单道焊,将整圈焊缝分两个半周进行焊接。先焊接前半周,焊接时在时钟7点处的定位焊缝上引弧,保持焊枪角度沿逆时针方向焊至11点处断弧,但断弧后不能立即拿开焊枪,要利用余气保护熔池,至凝固为止。

然后焊接后半周,从7点处的焊缝头部最高处引燃电弧并迅速接好头,沿顺时针方向焊至11点处收弧,并填满弧坑。

技能训练内容(三) 小直径管子垂直固定焊

1. 焊接装配尺寸及定位焊

焊接装配尺寸及定位焊的要求与技能训练内容(一)相同。

2. 焊接层次及焊接参数

焊接层次为单层单道。焊接参数见表7-18。

表7-18 小直径管子垂直固定焊的焊接参数

焊丝伸出长度/mm	焊接电流/A	电弧电压/V	气体流量/(L/min)
16~20	110~130	20~22	12~15

3. 焊枪及焊丝角度

焊枪及焊丝的角度如图7-22所示。

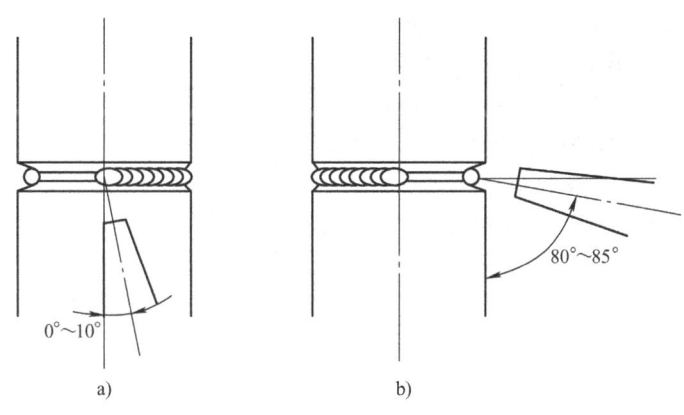

图7-22 小直径管子垂直固定焊的焊枪及焊丝角度
a) 焊枪及焊丝倾角 b) 焊枪及焊丝夹角

4. 焊接要点

管子垂直固定焊,焊缝在横焊位置,所以管子垂直固定焊的操作方法和板横对接焊基本相同,不同的是管子垂直固定焊时焊枪角度需要随时变化。小直径管垂直固定焊的焊枪角度如图7-22所示。

小直径管子垂直固定焊采用左向焊法,单层单道焊,首先在右侧定位焊缝上引弧,焊枪做小幅度地横向摆动,当定位焊缝左侧形成熔孔后,转入正常焊接。焊接过程中要注意尽可能地保持熔孔直径不变,熔孔直径比间隙大 0.5~1mm 较合适,一直焊到不好观察熔池处时断弧,断弧后不能移开焊枪,需利用余气保护熔池至完全凝固为止,不必填弧坑。

然后转到右侧开始引弧处,从右至左焊接,直到焊完一圈焊缝。

焊接过程中需注意,焊枪沿上、下两侧坡口作锯齿形横向摆动时,应在坡口面上适当停留,保证焊缝两侧熔合好,同时焊接速度不能太慢,防止产生烧穿、背面焊缝太高或正面焊缝下坠等缺陷。

三、质量评定

质量评定标准与焊条电弧焊管子对接相同。

复 习 题

1. 简述 CO_2 气体保护焊的优缺点。
2. CO_2 气体保护焊的熔滴过渡形式有哪几种?
3. 如何选择 CO_2 气体保护焊的焊丝?
4. 焊接工作现场如何减少 CO_2 气体中的水分?
5. CO_2 气体保护焊的设备由哪几部分组成?
6. 如何计算焊接中允许使用的最大电流?
7. CO_2 气体保护焊的送丝方式有哪几种?各有什么特点?适用范围是什么?
8. CO_2 气体保护焊对供气系统的控制分哪三步进行?
9. CO_2 气体保护焊焊机的安装要求有哪些?
10. CO_2 气体保护焊的焊接参数有哪几个?
11. 简述 CO_2 气体保护焊引弧的注意事项。
12. CO_2 气体保护焊焊枪的摆动方式有哪几种?
13. 对 CO_2 气体保护焊焊枪的横向摆动有哪些基本要求?
14. 简述右向焊法与左向焊法的优缺点。
15. 板平对接焊打底层有哪些注意事项?

附 录

附录 A 电焊工技能鉴定考核试题

初级电焊工技能鉴定考核试题（一）

一、试题名称

1) 低合金钢板—板对接平位焊条电弧焊
2) 低合金钢管—板骑座式垂直俯位焊条电弧焊

二、试件装配图

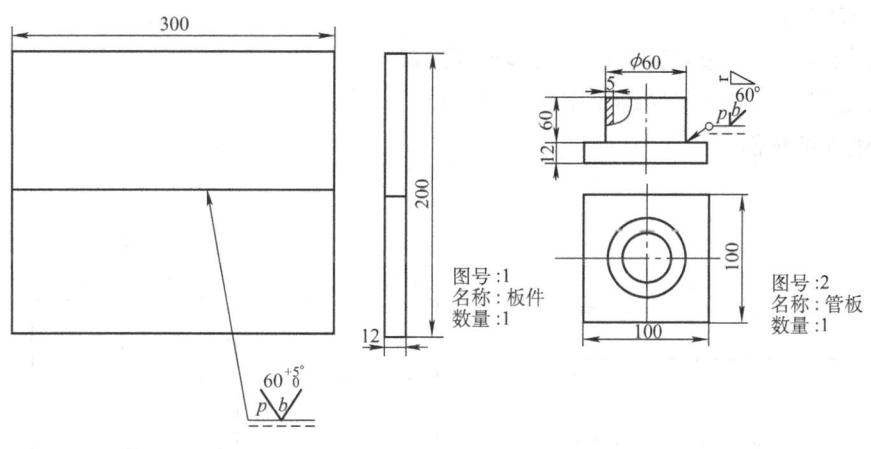

附图 1 初级电焊工技能鉴定试件装配图

初级电焊工技能鉴定考核试题（二）

一、试题名称

1) 低合金钢 T 形接头立角位焊条电弧焊
2) 低合金钢管—管水平转动焊条电弧焊

二、试件装配图

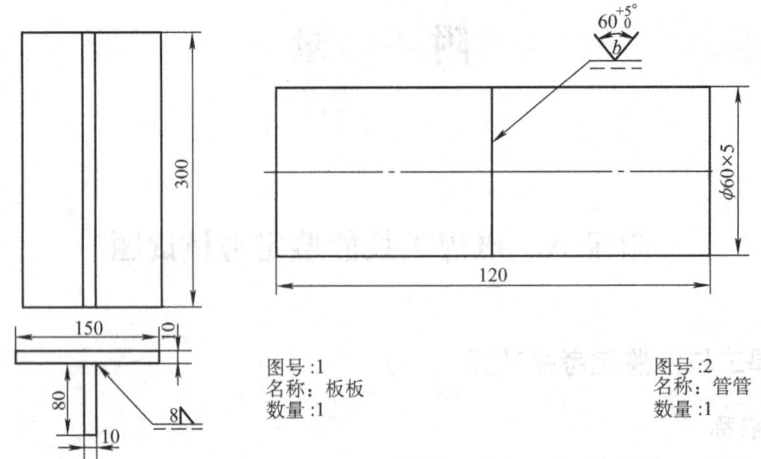

附图 2　初级电焊工技能鉴定试件装配图

初级电焊工技能鉴定考核试题（三）

一、试题名称

1）不锈钢薄板—板对接平位手工钨极氩弧焊
2）小直径管—管水平转动手工钨极氩弧焊

二、试件装配图

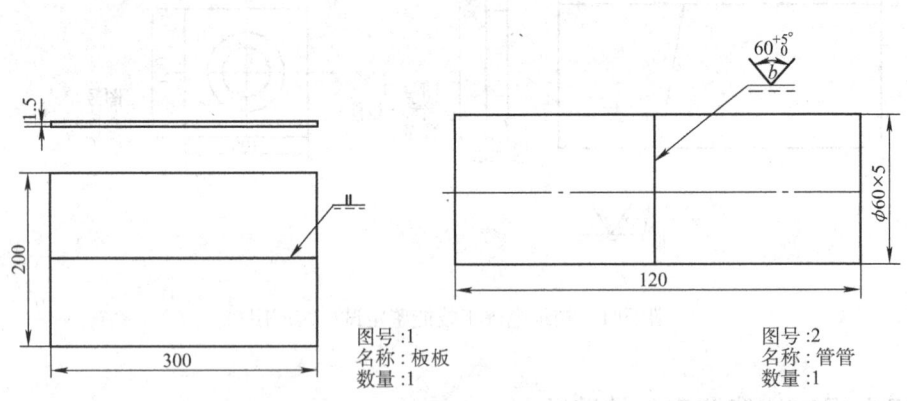

附图 3　初级电焊工技能鉴定试件装配图

初级电焊工技能鉴定考核试题（四）

一、试题名称

1）低合金钢板—板对接平位 CO_2 气体保护焊
2）低合金钢管—管水平转动 CO_2 气体保护焊

二、试件装配图

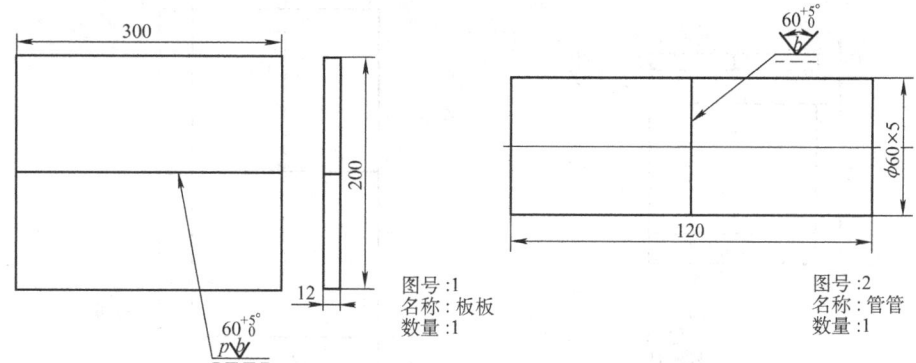

附图 4　初级电焊工技能鉴定试件装配图

中级电焊工技能鉴定考核试题（一）

一、试题名称

1）低合金钢板—板对接横位焊条电弧焊
2）低合金钢管—板骑座式水平固定焊条电弧焊

二、试件装配图

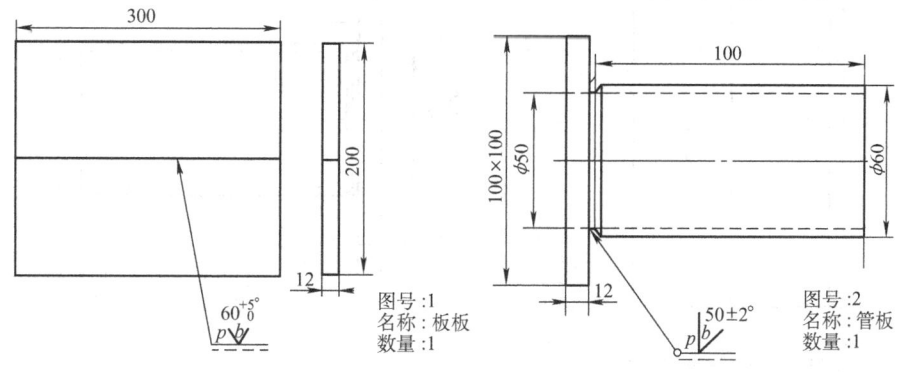

附图 5　中级电焊工技能鉴定试件装配图

中级电焊工技能鉴定考核试题（二）

一、试题名称

1）低合金钢板—板对接立位焊条电弧焊
2）低合金钢管—管垂直固定焊条电弧焊

二、试件装配图

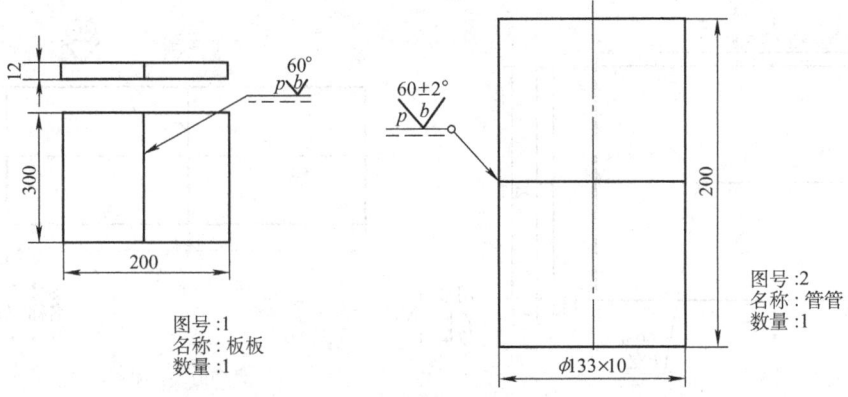

附图6　中级电焊工技能鉴定试件装配图

中级电焊工技能鉴定考核试题（三）

一、试题名称

1）不锈钢薄板—板对接立位手工钨极氩弧焊

2）低合金钢管—板骑座式水平固定手工钨极氩弧焊

二、试件装配图

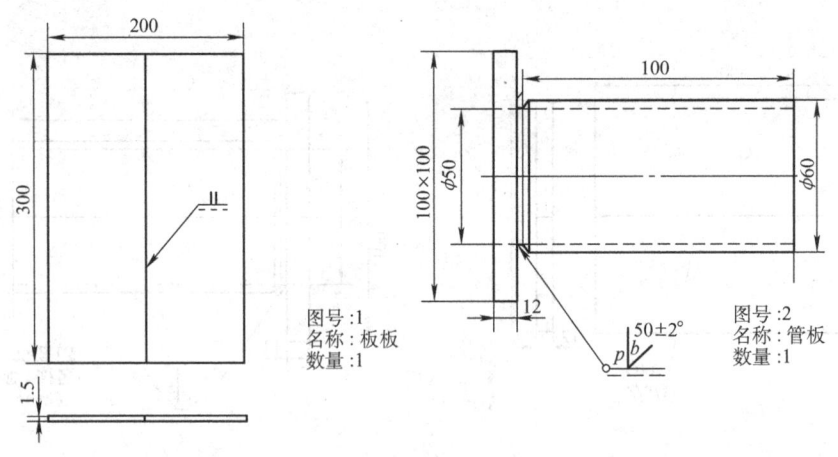

附图7　中级电焊工技能鉴定试件装配图

中级电焊工技能鉴定考核试题（四）

一、试题名称

1）低合金钢板—板对接横位 CO_2 气体保护焊

2）低合金钢大直径管—管水平固定 CO_2 气体保护焊

二、试件装配图

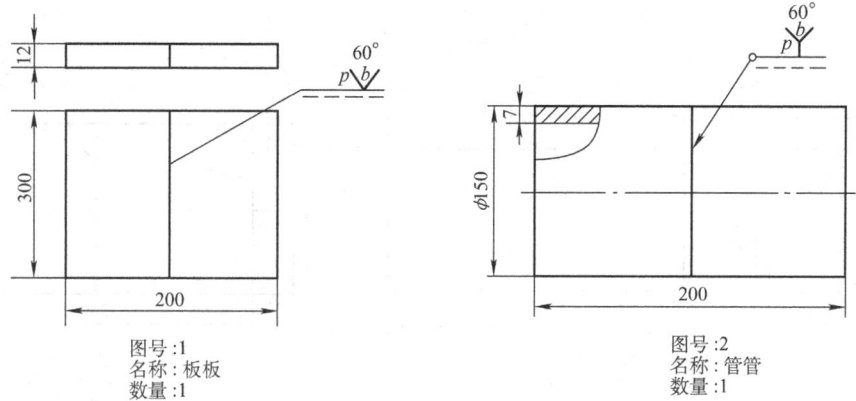

附图8　中级电焊工技能鉴定试件装配图

高级电焊工技能鉴定考核试题（一）

一、试题名称

1）低合金钢板—板对接仰位焊条电弧焊
2）低合金钢管—板骑座式垂直固定仰位焊条电弧焊

二、试件装配图

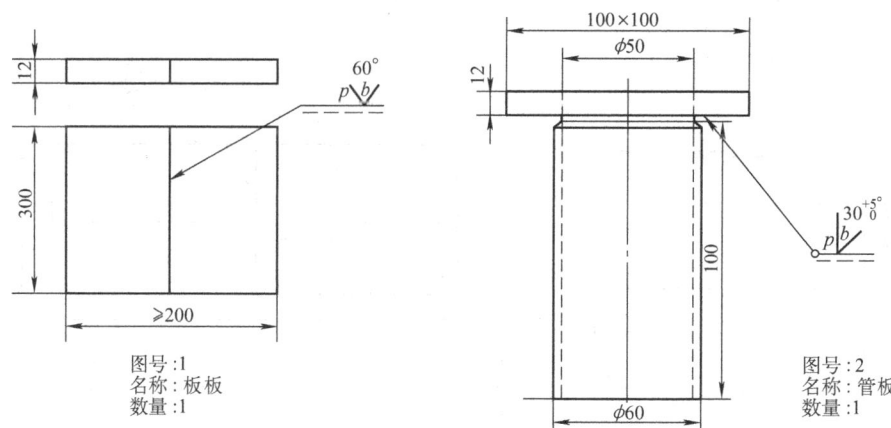

附图9　高级电焊工技能鉴定试件装配图

高级电焊工技能鉴定考核试题（二）

一、试题名称

1）低合金钢 T 形接头仰角位焊条电弧焊
2）低合金钢小直径管—管水平固定焊条电弧焊

二、试件装配图

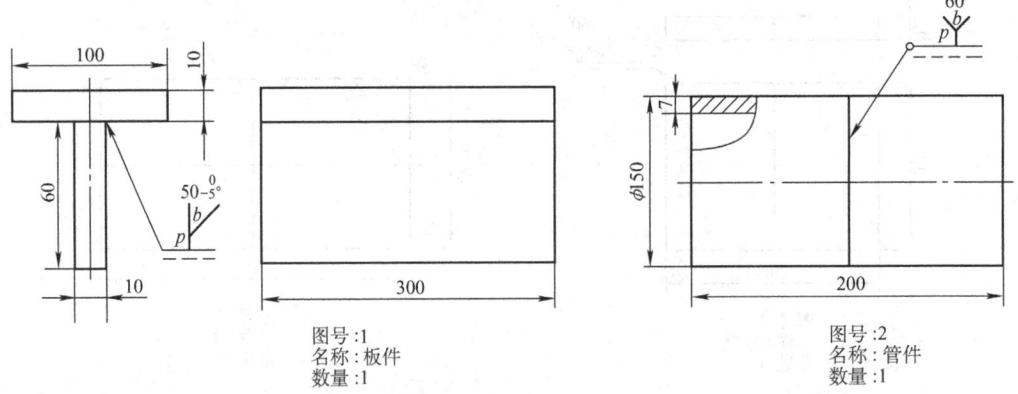

附图10　高级电焊工技能鉴定试件装配图

高级电焊工技能鉴定考核试题（三）

一、试题名称

1）不锈钢薄板—板对接仰位手工钨极氩弧焊
2）低合金钢管—管水平固定手工钨极氩弧焊

二、试件装配图

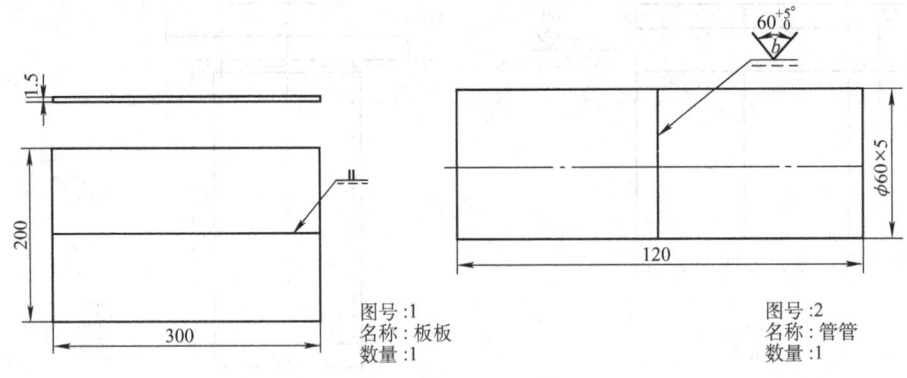

附图11　高级电焊工技能鉴定试件装配图

高级电焊工技能鉴定考核试题（四）

一、试题名称

1）低合金钢板—板对接仰位 CO_2 气体保护焊
2）低合金钢小直径管—管水平固定 CO_2 气体保护焊

二、试件装配图

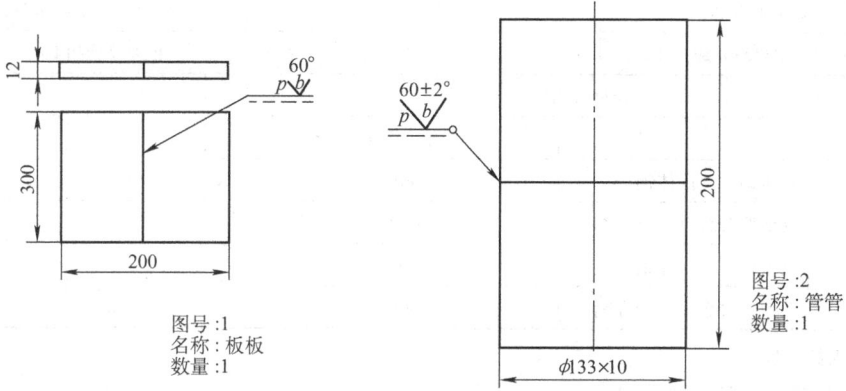

附图 12 高级电焊工技能鉴定试件装配图

附录 B 试件质量评分表

一、板对接试件质量评分表

姓　名			考　号		得　分	
管件材质规格			焊接位置		总扣分	
外观检查		序号	缺陷名称	合格标准	缺陷状况	合格范围内的扣分标准	扣分
	外观缺陷	1	裂纹、焊瘤、未熔合	不允许			
		2	咬边	深度≤0.5mm,两侧咬边总长≤45mm		每10mm扣1分	
		3	未焊透	深度≤15%δ且≤1.5mm,总长度≤30mm,(氩弧焊打底不允许未焊透)		每10mm扣1分	
		4	背面凹坑	深度≤20%δ且≤2mm,总长度≤30mm(仰位不规定)		每10mm扣1分	
		5	表面气孔	允许≤2mm 的气孔4个		每个扣1分	
		6	夹渣	深度≤0.1δ,长度≤0.3δ,允许3个		每个扣1分	
		7	角变形	≤3°		>2°扣2分	
		8	错边量	≤10%δ		>5%δ扣2分	
	外形尺寸	序号	名称	合格标准	实测尺寸	合格范围内的扣分标准	扣分
		1	焊缝正面余高	0～4mm		>2mm扣2分	
		2	焊缝余高差	≤3mm		>1mm扣2分	
		3	焊缝宽度差	≤3mm		>2mm扣2分	
		4	单面焊焊缝背面余高	≤3mm		>2mm扣3分	

（续）

内部质量	合格标准 GB3323 Ⅱ级		底片级别	合格范围内的扣分标准 Ⅱ级焊缝扣10分	扣分
机械性能试验			合格标准	试验结果	
		钢种	弯曲角度		
	双面焊	碳素钢、奥氏体钢	180°	面弯（一件）	
		其他低合金钢、合金钢	100°		
	单面焊	碳素钢、奥氏体钢	90°	背弯（一件）	
		其他低合金钢、合金钢	50°		

考评人员签章_____　　　　　　　　　　_____年___月___日

注：1. 外观缺陷均不在评片范围内。
2. 取样时避开缺陷处。
3. 对于碳素钢、奥氏体钢焊件，射线探伤合格后可免做冷弯试验。
4. 弯轴直径 $d = 3\delta_1$。
5. 试样弯曲到规定角度后，拉伸面上横向裂纹或缺陷长度 <1.5mm，纵向裂纹或缺陷长度 ≤3mm。

二、管对接试件质量评分表

姓 名				考 号		得 分		
管件材质规格				焊接位置		总扣分		
外观检查		序号	缺陷名称	合格标准	缺陷状况	合格范围内的扣分标准		扣分
	外观缺陷	1	裂纹、焊瘤、未熔合	不允许				
		2	咬边	深度≤0.5mm，两侧咬边总长不超过焊缝长度的20%		按缺陷长度比例扣1～4分		
		3	未焊透	深度≤15%δ且≤1.5mm，总长度不超过焊缝长度的10%（氩弧焊打底不允许未焊透）		按缺陷长度比例扣1～2分		
		4	背面凹坑	深度≤20%δ且≤2mm，总长度不超过焊缝长度的10%		按缺陷长度比例扣1～2分		
		5	表面气孔	允许≤2mm的气孔4个		每个扣1分		
		6	夹渣	深度≤0.1δ，长度≤0.3δ，不超过3个		每个扣1分		
		7	错边量	≤10%δ		>5%δ扣2分		
	外形尺寸	序号	名称	合格标准	实测尺寸	合格范围内的扣分标准		扣分
		1	焊缝正面余高	平焊位置0～3mm		>2.5mm扣1分		
				其他位置0～4mm		>3mm扣1分		
		2	焊缝余高差	平焊位置≤2mm		>1mm扣1分		
				其他位置≤3mm		>2mm扣1分		
		3	焊缝宽度差	≤3mm		>2mm扣2分		
		4	焊缝背面余高	≤3mm		>2mm扣2分		

（续）

	合格标准	底片级别		合格范围内的扣分标准	扣分
内部质量	按 GB 3323, 拍 4 张片, 允许一张为Ⅲ级, 其余三张Ⅱ级为合格	Ⅰ级 Ⅱ级 Ⅲ级 Ⅳ级	张 张 张 张	一张Ⅲ级片扣6分, 一张Ⅱ级片扣3分	
机械性能试验	合格标准			试验结果	面弯（一件）
	钢种	弯曲角度			
	碳素钢、奥氏体钢	90°			背弯（一件）
	其他低合金钢、合金钢	50°			

考评人员签章_____　　　　　　　　　　　　_____年___月___日

注：1. 外观缺陷均不在评片范围内。
　　2. 对于碳素钢、奥氏体钢焊件，射线探伤合格后可免做冷弯试验。
　　3. 弯轴直径 $d = 3\delta_1$。
　　4. 试样弯曲到规定角度后，拉伸面上横向裂纹或缺陷长度＜1.5mm，纵向裂纹或缺陷长度≤3mm。

三、骑座位管板试件质量评分表

姓　名			考　号		得　分	
管板材质规格			焊接位置		总扣分	
外观检查		序号	缺陷名称	合格标准	缺陷状况	合格范围内的扣分标准	扣分
	外观缺陷	1	裂纹、未熔合、焊瘤	不允许存在			
		2	咬边	深度≤0.5mm, 两侧咬边总长不超过焊缝长度的20%		按缺陷长度比例扣1~8分	
		3	未焊透	深度≤15%δ且≤1.5mm, 长度不超过焊缝长度的10%		按缺陷长度比例扣1~5分	
		4	背面凹坑	深度≤25%δ且≤1mm, 长度不超过焊缝长度的10%		按缺陷长度比例扣1~4分	
		5	表面气孔	允许≤0.3δ的气孔4个		每个扣2分	
		6	夹渣	深度≤1mm, 长度≤1.5mm, 不超过3个		每个扣2分	
	外形尺寸	序号	名称	合格标准	实测尺寸	合格范围内扣分标准	
		1	焊脚尺寸	δ+（3~6）mm		不扣分	
		2	焊脚凸凹度	≤1.5mm		不扣分	
	通球检验			合格标准		检验结果	
				顺利通过为合格			

(续)

	序号	缺陷名称	合格标准	缺陷状况	合格范围内的扣分标准	扣分
宏观金相检验	1	裂纹、未熔合	不允许			
宏观金相检验	2	气孔或夹渣尺寸	>1.5mm 不允许			
宏观金相检验	2	气孔或夹渣尺寸	>0.5mm 且≤1.5mm，允许 1 个		每发现一个符合该缺陷范围的检查面扣 3 分	
宏观金相检验	2	气孔或夹渣尺寸	≤0.5mm，允许 3 个		每个扣 2 分	

考评人员签章＿＿＿＿＿＿＿　　　　　　　　　　　　　　　＿＿＿年＿＿＿月＿＿日

注：1. 管外径大于或等于 32mm 时，通球直径为管内径的 85%，管外径小于 32mm 时，通球直径为管内径的 75%。
　　2. 宏观金相检验的合格标准栏内指单个检查面所允许的量。

附录 C　国家职业技能鉴定统一试卷

初级电焊工技能试卷

一、说明

1. 本试卷命题是以可行性、技术性、通用性为原则编制的。
2. 本试卷是依据《中华人民共和国电焊工职业技能鉴定规范（考核大纲）》设计编制的。
3. 本试卷适用于考核初级焊条电弧焊工。
4. 本试卷无地域限制，适用于锅炉压力容器、电站、石化系统的焊工。
5. 本试卷无其他特殊要求。

二、项目

1. 试题名称
1）低合金钢板—板对接平位焊条电弧焊。
2）低合金钢管—板（骑座式）垂直俯位焊条电弧焊。
2. 试题文字或技术说明
技术要求：
1）要求单面焊双面成形。
2）钝边、间隙自定，板状试件允许反变形。
3）焊条直径自选。
4）试件离地面高度自定。

装 配 图

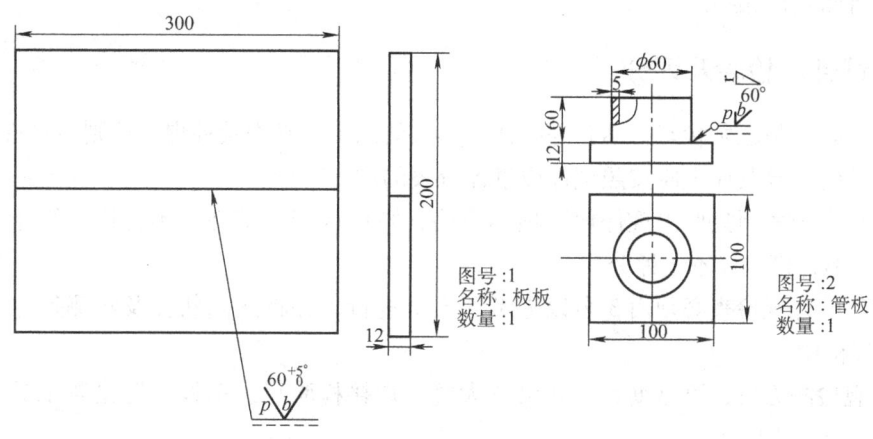

附图 13 初级电焊工技能鉴定试件装配图

三、考试规则

1. 所用试件，焊接材料的种类和数量必须按管理制度领用，试件要统一打印钢字考号标记。

2. 考生应提前 5 分钟持准考证进入指定的考位。

3. 考评人员与考生比例为 1:5。

4. 除考评人员及有关工作人员外，其他人员不准进入实际操作考试现场。

5. 焊接时不允许坐着或依靠其他物件。

6. 试件的点固、焊接及清理应由考生独立完成。

7. 每个试件应连续焊完，一个试件尚未焊接完毕，不准焊接另一个试件。

8. 对有位置要求的试件（板状的立位、横位、仰位；管状的水平固定；管板的水平固定或垂直仰位等）应按规定要求于焊接前固定好，整个焊接过程中（包括层间清理）不准取下，直至该试件焊接完毕。

9. 考试过程中不允许使用磨光机。

10. 考生应在规定的时间内完成全部焊接工作，考评人员通知限时一到，应立即切断电源停止考试。

11. 考生在焊接结束后，应立即关闭焊机，彻底清理焊件表面的焊渣、飞溅，试件应保持原始状态，不允许补焊、修磨或任何形式的加工。考生将清理好的试件交到指定地点，并彻底清理焊位现场。

12. 考生在整个考试过程中，应遵守电焊工安全操作规程，做到文明生产。对违反考试规则不听劝阻或违反安全操作规程出现重大事故者，取消考试资格，并按有关规定处理。

四、考核总时限

1. 准备时间：30min。

2. 正式操作时间：120min。

3. 总时间：150min。

五、试件的检验及评分

1. 试件必须是原始状态，不允许有任何形式的加工、修磨及补焊，否则该试件无效。

2. 试件的检验及评定应按照试件质量评分表的次序进行。

3. 评分表中各项只要出现任何一项不合格，则可认定该试件为不合格，终止对该试件的检验，对不合格试件不予评分。

4. 试件的外观检查必须由 3 名以上考评人员进行，并将缺陷状况及实测尺寸数据填入各相应项表格中。

5. 外观检测方法，可借助 5～10 倍放大镜、焊接检验尺、钢板尺等检测工具来测量焊缝外形尺寸及缺陷尺寸。

6. 在外观检查某些项计算扣分时，应取整数，对计算出的小数处理方法：四舍六入，五的进舍原则是看小数点前面的个位数字如是奇数则进一，如是偶数则舍去。

7. 所有检验结果均为一次性检验结果。

8. 板状试件两端 20mm 范围内缺陷不做评定。

六、考试成绩

1. 单个试件满分 100 分，单个试件各检测项目均在合格范围内，则该试件评为合格试件。其得分为 100 减去所有各项总扣分之差。

2. 每位考生考试项目为两项，每项均合格才认定该考生实际操作技能合格，其得分为两项分数的算术平均值（取一位小数）。

3. 两项均不合格，或只有一项合格者均判为该考生实际操作技能不合格，对不合格者不予得分。

4. 对取消考试资格的考生一律判为实际操作技能不合格，并不予得分。

5. 考生成绩填入"电焊工技能考试成绩汇总表"。

七、板对接试件质量评分表

姓名				考号			得分	
板件材质规格				焊接位置			总扣分	
		序号	缺陷名称	合格标准		缺陷状况	合格范围内的扣分标准	扣分
外观检查	外观缺陷	1	裂纹、焊瘤、未熔合	不允许				
		2	咬边	深度≤0.5mm，两侧咬边总长≤45mm			每10mm扣1分	
		3	未焊透	深度≤15%δ且≤1.5mm，总长度≤30mm			每10mm扣1分	

（续）

	序号	缺陷名称	合格标准	缺陷状况	合格范围内的扣分标准	扣分
外观检查 / 外观缺陷	4	背面凹坑	深度≤20%δ且≤2mm，总长度≤30mm（仰位不规定）		每10mm扣1分	
	5	表面气孔	允许≤2mm的气孔4个		每个扣1分	
	6	夹渣	深度≤0.1δ，长度≤0.3δ，允许3个		每个扣1分	
	7	角变形	≤3°		>2°扣2分	
	8	错边量	≤10%δ		>5%δ扣2分	

	序号	名称	合格标准	实测尺寸	合格范围内的扣分标准	扣分
外形尺寸	1	焊缝正面余高	0~3mm		>2mm扣2分	
	2	焊缝余高差	≤2mm（焊条电弧焊、半自动焊其他位置≤3mm）		>1mm扣2分	
	3	焊缝宽度差	≤3mm		>2mm扣2分	
	4	单面焊焊缝背面余高	≤3mm		>2mm扣3分	

内部质量	合格标准	底片级别	合格范围内的扣分标准	扣分
	GB 3323 Ⅱ级		Ⅱ级焊缝扣10分	

	合格标准		试验结果	
机械性能试验	钢种	弯曲角度		
双面焊	碳素钢、奥氏体钢	180°	面弯（一件）	
	其他低合金钢、合金钢	100°		
单面焊	碳素钢、奥氏体钢	90°	背弯（一件）	
	其他低合金钢、合金钢	50°		

考评人员签章_____　　　　　　　　　_____年____月____日

注：1. 外观缺陷均不在评片范围内。

2. 取样时避开缺陷处。

3. 对于碳素钢、奥氏体钢焊件，射线探伤合格后可免做冷弯试验。

4. 弯轴直径 $d = 3\delta_1$。

5. 试样弯曲到规定角度后，拉伸面上横向裂纹或缺陷长度<1.5mm，纵向裂纹或缺陷长度≤3mm。

八、骑座位管板试件质量评分表

姓 名				考 号		得 分	
管板材质规格				焊接位置		总扣分	
外观检查	外观缺陷	序号	缺陷名称	合格标准	缺陷状况	合格范围内的扣分标准	扣分
		1	裂纹、未熔合、焊瘤	不允许存在			
		2	咬边	深度≤0.5mm，两侧咬边总长不超过焊缝长度的20%		按缺陷长度比例扣1~8分	
		3	未焊透	深度≤15%δ且≤1.5mm，长度不超过焊缝长度的10%		按缺陷长度比例扣1~5分	
		4	背面凹坑	深度≤25%δ且≤1mm，长度不超过焊缝长度的10%		按缺陷长度比例扣1~4分	
		5	表面气孔	允许≤0.3δ的气孔4个		每个扣2分	
		6	夹渣	深度≤1mm，长度≤1.5mm，不超过3个		每个扣2分	
	外形尺寸	序号	名称	合格标准	实测尺寸	合格范围内扣分标准	
		1	焊脚尺寸	δ+（3~6）mm		不扣分	
		2	焊脚凸凹度	≤1.5mm		不扣分	
	通球检验			合格标准		检验结果	
				顺利通过为合格			
宏观金相检验		序号	缺陷名称	合格标准	缺陷状况	合格范围内的扣分标准	扣分
		1	裂纹、未熔合	不允许			
		2	气孔或夹渣尺寸	>1.5mm 不允许		每发现一个符合该缺陷范围的检查面扣3分	
				>0.5mm且≤1.5mm，允许1个			
				≤0.5mm，允许3个		每个扣2分	

考评人员签章＿＿＿＿＿＿＿＿＿＿＿＿＿＿＿＿＿＿＿＿＿＿＿＿年＿＿＿月＿＿＿日

注：1. 管外径大于或等于32mm时，通球直径为管内径的85%，管外径小于32mm时，通球直径为管内径的75%。

2. 宏观金相检验的合格标准栏内指单个检查面所允许的量。

参 考 文 献

[1] 郑应国. 焊工工艺学 [M]. 2版. 北京：中国劳动社会保障出版社，1992.
[2] 胡少荃. 电焊工生产实习 [M]. 2版. 北京：中国劳动社会保障出版社，1992.
[3] 钱在中. 焊工取证上岗培训教材 [M]. 北京：机械工业出版社，2001.
[4] 潘勤. 电焊工技能鉴定试题解析指南 [M]. 北京：机械工业出版社，1998.
[5] 李继三. 电焊工 [M]. 北京：中国劳动社会保障出版社，1996.
[6] 高忠民. 电焊工基本技术 [M]. 2版. 北京：金盾出版社，2000.
[7] 徐出雄，陈宝龄. 初级电焊工工艺学 [M]. 北京：机械工业出版社，1999.
[8] 王良栋. 中级电焊工工艺学 [M]. 北京：机械工业出版社，1999.
[9] 徐继达. 金属焊接与切割作业 [M]. 北京：气象出版社，2002.